每天读点积极心理学

柳波 编著

U0854996

国家一级出版社 中国纺织出版社 全国百佳图书出版单位

内 容 提 要

哲学家说，心态能摧毁一个人，也能造就一个人。因为我们的心态支配了我们的思想和行为，也决定了我们的内心能否幸福、平静，我们每个人都应该学习积极心理学。

本书是一本心灵抚慰剂，作者从生活中的实例入手，并针对我们经常遇到的问题，提出了富有针对性的指导意见，相信阅读本书，你就掌握了拥有积极心态和幸福人生的金钥匙。

图书在版编目（CIP）数据

每天读点积极心理学／柳波编著.--北京：中国纺织出版社，2019.7

ISBN 978-7-5180-6040-5

Ⅰ.①每… Ⅱ.①柳… Ⅲ.①心理学—通俗读物 Ⅳ.①B84-49

中国版本图书馆CIP数据核字（2019）第051894号

责任编辑：闫 星　　特约编辑：王佳新　　责任印制：储志伟

中国纺织出版社出版发行

地址：北京市朝阳区百子湾东里A407号楼　邮政编码：100124

销售电话：010—67004422　传真：010—87155801

http：//www.c-textilep.com

E-mail：faxing@c-textilep.com

中国纺织出版社天猫旗舰店

官方微博http：//weibo.com/2119887771

三河市延风印装有限公司印刷　各地新华书店经销

2019年7月第1版第1次印刷

开本：880×1230　1/32　印张：6

字数：149千字　定价：39.80元

前言

幸福是什么？这大概是现代社会很多人都在思考的问题，对此，不同的人有不同的看法。我们发现，生活中有这样一些人，他们衣食无忧，有着令人羡慕的工作，但他们却并不感到幸福；也有一些人，他们出身平凡，相貌平平，还有可能在工作中总是遇到问题，但是他们的脸上却常常洋溢着幸福的笑容。为什么？只因为后者比前者的心态好。

为此，我们有必要了解什么是真正的幸福。从社会学的角度来看，幸福是指心理欲望得到满足时的状态，或者说是从生活中获得较长时间的满足，品味到巨大的乐趣，由此自然而然产生希望这种生活持续久远的愉快心情。通俗点来说，我们所渴望的幸福就是一种内心安宁、淡然的感觉，如果你内心感觉幸福，那么哪怕生活再清苦，人生再不顺，你也能微笑面对，否则的话，再奢华的生活也换不来开心一笑。

的确，心态决定命运。因为心态掌控了人的行动和思想，也决定了我们内心是否平静和快乐，我们是否感到幸福，并不是因为我们身在何处、拥有何物或因为我们是何人，而是取决于我们的心态，也就是我们是如何看待周遭的人、事、物的。心态积极，就会拥有积极的人生。

大仲马曾说："烦恼与欢喜，成功和失败，仅系于一念之间。"而托马斯·杰斐逊曾说："一个人如果态度正确，便没有什么能够阻拦他实现自己的目标；如果态度错误,就没有什么能够帮助他了。"王尔德更说过："人真正的完美不在于他拥有什么，而在于他是什么。"

我们可以说，心态不是人生的全部，却左右了全部的人生。事实上，我们每个人不可能与其他任何一个人一生相伴，唯有我们自己的内心除外。所以，我们没必要心情低落，要高兴地、健康地度过每一天。

然而，在苍茫而短暂的人生中，人怎么样可以变得无畏，变得淡定而不仓惶？这是需要每个人在心中找到一个寄托。但凡找到这样一个寄托，会给你这一生找到一个依凭，找到自己的一个内心根据地。

《每天读点积极心理学》就是一个能给你寄托的心灵指导

书，本书从生活中那些能左右我们心情的种种人、事、场景出发，运用简洁精炼的语言，通过生动和新颖的案例向读者朋友们诠释了拥有积极的心态在人生中的作用，并告诉他们如何改变消极的心态，拥有积极的心态，进而开拓成功富足的人生。

编著者

2018年1月

目　录

第01章

调整心态，用阳光的心态面对生活

我们都知道，生活不总是一帆风顺的，当我们航行在生活的海洋中，很多时候会遇上大风大浪，甚至狂风暴雨，就算我们驾驶的是一叶扁舟，也不能放弃，要做一个最好的掌控生活的水手，只有自己创造积极的生活态度，才能成功驾驶这只小船驶向理想的彼岸，完成人生的航行。积极面对生活，是我们生存下去的最佳模式，乐观向上的态度可以帮助我们战胜困难，向着更美好的生活前进。

保持心理的健康，让焦虑与恐惧无处遁形

有个人可以称之为焦虑和恐惧的典型人物，据说，他已经囤积了数吨粮食，以防天灾。有人好奇地说："如果是发生旱灾，水比粮食更重要。"他却微笑着说："没事，家里已经挖了好几口井了。"旁人大惊。后来，听说他不囤积粮食了，可是理由却是十分牵强的，他这样告诉所有的人："我听见许多人都在说，如果发生天灾了，大家就会来抢我的粮食，我想告诉大家的是，现在我已经不囤积粮食了。"

看到这里，每个人都会忍俊不禁，这个人的焦虑心理和恐惧心理简直达到了极致。虽然，我们常说"防患于未然"，但是，对未来过分焦虑与恐惧，则成为了一种心理负担，这样导致以后的每一天我们都将在担惊受怕中度过。

现代人越来越焦虑，在内心里隐藏着一种恐惧，既担心自己的生存状况，又惧怕生老病死。长此以往，原本健康的身体

被心理折磨得奄奄一息。哈佛医学院的教授们认为：心理不健康是导致身体不健康的主要因素。比如有的人身体感到不舒服的时候，就老是怀疑自己生了病，整天陷入恐慌之中。其实，在很多时候，这些只是小病或者根本就没有疾病，而是源于内心的焦虑和恐惧。当然，心病还得心药医，不要猜疑自己的健康，保持健康的心理，心病自然就会消除了，让那些焦虑和恐惧消失在阳光下吧！

吉姆是一位年轻的汽车销售经理，他的前途充满了希望。但是，吉姆却非常绝望，意志消沉，他觉得自己要死了。甚至，他开始为自己挑选墓地，为自己的葬礼做好了一切准备工作。其实，吉姆的身体只是出了一点小问题，有时候会呼吸急促、心跳很快、喉咙梗塞，医生规劝："你只需要坦然处理生活，退出自己热爱的汽车销售行业就行了。"

吉姆在家里休息了一阵子，他还是满是焦虑和恐惧，于是，他的呼吸变得更加急促，心也跳得更快，喉咙依然梗塞。这时医生劝他到外面去透透气，吉姆照做了，但依然无法阻止内心的焦虑和恐惧。一周过去了，吉姆回到家里，他感觉死神快降临了。朋友告诉吉姆："赶快打消你的猜疑！如果你到明尼苏达州罗切斯特市的梅欧兄弟诊所，你就可以彻底地弄清病情，而不会失去什么，赶快，立即行动！”吉姆听从了朋友的建议，他来到了罗切斯特，实际上，吉姆仍然担心自己会在路途中突然死亡。

在梅欧诊所，医生给吉姆做了全面检查，医生告诉吉姆：“你的症结是吸进了过多的氧气。”吉姆先是一愣，然后大笑了起来：“那真是太愚蠢了，我怎样对付这种情况呢？”医生说：“当你感觉呼吸困难、心跳加速的时候，你可以向一个袋子呼气，或者暂时屏住气息。”医生递给吉姆一个纸袋，吉姆照办了，他发现自己的心跳和呼吸都变得很正常，喉咙也不再梗塞了。离开诊所的时候，他已经变得容光焕发，原来这一切的症结都是因为内心的焦虑和恐惧。

长期的焦虑和恐惧会让我们相信，某个想象中的事情变成现实，然而就是在这样的消极心理中，那些预感中会发生的事情还是发生了，到最后，我们的焦虑和恐惧越来越严重，以至于身体真的出现了疾病。所以，远离焦虑与恐惧，保持身心健康。

康尼·麦克是美国棒球名将，他曾遭受焦虑的困扰，后来，康尼摆脱了焦虑症，停止了没有理由的恐惧，使他变得既长寿又健康。康尼这样回忆道：“刚开始打棒球的时候，根本没有钱可挣，而且常常被空罐子或马具绊倒。等到球赛结束了，我们就用空帽子向观众收点小费，以供奉母亲，养育幼小的弟弟妹妹。那点钱是绝对不够的，有的球队就只靠草莓充饥。我有足够的理由焦虑，我是唯一连续7年陪末座的棒球队经理，也是8年里唯一输过800场棒球队的经理。以前一连串的挫败令我焦虑到不吃不喝，但是后来，我决定不再焦虑了，如果不是当时就停止忧虑，我早就躺在棺材里了。”

在受焦虑困扰的日子里，康尼发现焦虑对自己毫无益处，只会危害自己的事业，还会危害自己的健康。后来，我逐渐发现了克服焦虑和恐惧的方法：忙着为未来赢球作策划，没有时间去焦虑和恐惧已经输了的球局；绝不在球赛结束后24小时内批评球员的错误。原来，康尼以前总是叫球员来训话，后来，他逐渐发现，如果已经输了球，责备和争论都没有意义了，只会增加焦虑和恐惧。于是，康尼决定输球之后，绝不马上去看球员，要到第二天才跟大家讨论失败的原因。这样到了第二天，康尼已经很平静了，这样看来那些失误好像没有那么严重，他可以冷静地讨论。这样过了一段时间，他发现内心的焦虑和恐惧已经慢慢消减了。康尼认为，自己长寿的秘诀就是“停止焦虑和恐惧”。

焦虑和恐惧给我们生活所造成的影响是不容忽视的，焦虑对我们毫无益处，只会危害自己的生活和事业，而且，还会危害自己的健康。与其花费大量的精力和心思去焦虑和恐惧，不如好好经营自己的生活，把精力和心思转移到生活上来，这样自然而然就摆脱了焦虑和恐惧，从而获得一种轻松而美好的生活。

焦虑和恐惧是现代社会普遍存在的心理疾病，它源于工作压力、人际关系、经济问题、孤独以及交通阻塞等。每天，我们都饱受着生活压力的困扰，可能或多或少都有焦虑恐惧的经历，然而，可能许多人都没有意识到，长期的焦虑会引起抑郁症，这是一种病态的心理，不但会给我们的健康带来损害，还会感染到身边的人。所以，以积极乐观的心态面对生活，让焦虑和恐惧都消失在阳光下吧！

摆脱自卑，告别消极的自我意识

现代社会是一个开放和竞争的年代，人际交往越发频繁，如果在一个人的性格因素中，缺少自信，就缺少对情绪的驾驭能力，这样的人，即使有再多的才华，恐怕也难能获得广阔的施展空间。心理学教授说，自卑是一种消极的自我评价或自我意识，即个体认为自己在某些方面不如他人而产生的消极情感。自卑感就是个体对自己的能力、品质评价偏低的一种消极的自我意识。具有自卑感的人总认为自己事事不如人，自惭形秽，丧失信心，进而悲观失望，不思进取。

有自卑心理的人，就如同披着海绵在雨中行走一样，包袱会越来越重，直至压得人喘不过气。

1.自卑带来的坏处

自卑会让人心情低沉，郁郁寡欢，常因害怕别人瞧不起自己而不愿与别人来往，只想与人疏远，缺少朋友，甚至自疚、自责、自罪；他们做事缺乏信心，没有自信，优柔寡断，毫无竞争意识，享受不到成功的喜悦和欢乐，因而感到疲惫，心灰意冷。

2.彻底摆脱自卑

被自卑感所控制，其精神生活将会受到严重的束缚，聪明才智和创造力也会因此受到影响而无法正常发挥作用。自卑是束缚创造力的一条绳索，是阻碍成功的绊脚石。种种这些消极的反应都表明，自卑的心理常促使一个人在人生道路上走下坡路。

其实，战胜自卑并非难事，不要过于看重一次的失败，不要因先天的缺陷而抬不起头，在生活中报以平和的心态对待周围的人和事情，慢慢地，当你鼓起自信的风帆，划动奋斗的双桨，你一定会发现一个生气勃勃的你，一个潇洒自如的你，一个自信成功的你！

积极起来，悲观是幸福生活的毒瘤

马克·吐温说："世界上最奇怪的事情是小小的烦恼，只要一开头，就会渐渐地变成比原来厉害无数倍的烦恼。"对于那些习惯于活在抑郁、悲观生活里的人，一点小小的烦恼恰似一颗毒瘤，每天它都在不停地生长着，最终，毒瘤化脓，而他自己则被抑郁吞噬了。悲观、抑郁被称为"心灵流感"，在现代社会，它成为了一种普遍的情绪，但是并没有引起人们足够的重视，有人或许认为一点抑郁或悲观算不了什么，离真正的抑郁症还远着呢！但是，长时间的抑郁或悲观，会让我们感到失望，心智丧失，就好像长期生活在阴影里而无力自拔，给我们的生活带来严重的影响。因此，为了使生活变得丰富多彩，我们应该远离悲观抑郁，积极调整自己的心态，走出抑郁、悲观的阴霾，重见灿烂的阳光。

我们的生活状态在很大程度上取决于我们对生活的态度，取决于我们看待问题的方式。每个人的人生都是从一张白纸开始的，以后所发生的事情都会渐渐在白纸上绘满轮廓：包括我们的经历，我们的遭遇，我们的挫折。乐观者会从中发现潜在的希望，描绘出亮丽的色彩；反之，悲观者总是在生活中寻找缺陷和漏洞，所看到的都是满目黯淡。

林肯在患抑郁症期间说了一段感人心扉的话："现在我成了世界上最可怜的人，如果我个人的感觉能平均分配到世界上每个家庭中，那么，这个世界将不再会有一张笑脸，我不知道自己能否好起来，我现在这样真是很无奈，对我来说，或者死去，或者好起来，别无他路。"所幸的是，林肯终于战胜了抑郁症，成为了美国著名的总统。对每个人来说，悲观、抑郁就是漂浮在天空中的乌云，它遮住了生活的阳光。因此，为了让我们的生活重见阳光，要远离悲观、抑郁，积极乐观向上地活着。

换个角度，事情远没有你想象的糟糕

人生就像一朵鲜花，有时开，有时败；有时候微笑，有时候低头不语。曾经听过这样一个故事：有个老太太有两个儿子，一个卖伞，一个刷墙。于是，老太太天天提心吊胆，闷闷不乐，因为晴天的时候，她担心儿子的伞卖不出去；下雨的时候，她又开始发愁另外一个儿子没法刷墙。后来，一位智者告诉他："要多个角度看问题，你想想，下雨的时候伞卖得最多，天晴的时候刷墙正好，什么时候都不会错的。"老太太听了，笑逐颜开，整天再也不用担心了。

其实，人生就是这样，无论你处于什么样的境地，多角度看问题，你就会发现我们打开了心灵的另一扇窗户，你会发现人生是美好的，而我们所遭遇的那些根本算不了什么。人生之路本就是一条曲折之路，当我们被绊倒的时候，应多角度看问题，打开心灵的另一扇窗，以一种积极、乐观的态度去面对人生中的一切。

半杯酒静静地在杯子中，来了个酒鬼，看了看摇摇头，说道："嗨，只有半杯酒。"过了一会儿，又来了一个酒鬼，看到以后兴奋地说："太好了，还有半杯酒。"足见，不同的角度看问题，会让我们获得一种全然不同的心境。所以，学会多角度看问题吧，这样你会发现事情远没有想象中那么糟糕。

老师在黑板上画了一幅画，白纸中画了一个黑色圆点。老师问学生：“你们看见了什么？”全班同学一起回答：“一个黑点。”老师说：“你们只说对了一部分，画中最大的部分是空白。只见小，不见大，就会束缚我们的思考力，许多人不能突破自己，原因就是在这里。”很多时候，传统的思维定势会束缚我们的想象力，而多种角度看问题，我们可能会有新的发现。

在炎热的沙漠，两个焦渴疲惫的旅人，拿出唯一的水壶，摇了摇，一个旅人说：“哎呀，太糟糕了，我们只剩下半壶水了。”而另一个旅人却高兴地说：“真幸运，我们还有半壶水呢！”在现实生活中，许多事情都像那半壶水一样，多个角度或者换个角度，你就有不同的心情，不同的答案。多个角度看问题，我们要有推翻成见的勇气和别出心裁的智慧，即使在黑暗的峡谷，我们也会沿着光走出来，会有一种豁然开朗的感觉。

不管遇到什么，都要乐观面对

的确，红尘滚滚，荆棘丛生，人生的道路曲折而漫长。生命之旅不会一番风顺，总会出现一些风风雨雨，我们总会因此而感到痛苦、不如意乃至悲伤。如何面对人生的风雨？美国大诗人朗弗罗曾说：“乌云后面依然是灿烂的晴天。”这句话告诉我们，人生路上，不管遇到什么，都要乐观面对，积极阳光的心态会为我们带来好运，才有获取成功的希望。

有一天，在某个公交站牌处，一个小女孩和妈妈起了争执。

小女孩有点生气地对妈妈说：“我就要去海边玩，为什么你不让我去！”

妈妈劝她：“不是早说过了吗，今天出太阳了咱就去，但今天没有出太阳啊，而且天气预报说还可能要下雨呢，还是改天再去吧。”

“妈妈骗我，今天出太阳了……”

妈妈笑了起来，问道：“哪里有啊，不要骗人，你说说，太阳到底在哪儿？”

小女孩抬起头来，东看看西瞧瞧，然后指着天空喊：“那不是在那儿嘛。”

“没有啊，那只是乌云而已呀。”

“对呀！”没想到，小女孩一副非常认真的样子，“太阳就躲在乌云的后面呢，等一会儿乌云一走开，不就出来了吗？”

听到小女孩的话，所有等车的人都笑了。

对于积极的人类来说，太阳每天都在天空中，虽然有的时候我们看不见它，那是因为它正躲在云的后面，乌云总有散开的时候，就如人生总有诸多的幸福会接踵而来一样。

生活中的人们，乌云密布的时候，你是怎样看待的呢？如果你也能看到乌云后的太阳，那么，你也就是个积极的人。这样，在未来荆棘密布的人生道路上，无论命运把你抛向任何险恶的境地，你都能做到积极面对、毫不畏惧！

总之，生活中的人们，无论你在生活中遇到什么，你都要乐观，抛却那些伤心的往事，抛却那些失败后的懊恼吧，若想开心的生活，就必须勇于忘却过去的不幸，重新开始新的生活。

调整心态，以更加自信的姿态面对生活

曾经有位名人说，一个人最大的敌人是自己，唯有突破自

身的局限和禁锢，人们才能获得长足的发展。的确很多情况下虽然外界环境恶劣，但是人们总像打不死的小强一样顽强不屈。然而，一旦内心的精神支柱轰然崩塌，整个人的精气神都会随之崩溃，再也无法做到强大镇定。既然人生的态度决定了我们的成败，那么我们从现在开始就应该调整心态，让自己以更加自信的姿态对待生活。

生活中，总有些人非常悲观消极，即使事情远远没有那么糟糕，他们也会怨天尤人，早早地放弃希望，不再进行任何努力。还有些人恰恰相反，他们虽然面临着窘境，却始终保持乐观，更不会因为眼前的困难和障碍轻易放弃。他们就像是美国大片里那些主人公一样，任何时候都保持旺盛的精力和顽强不屈的意志，不到最后的胜利关头决不放弃。细心的人会发现，那些成功人士，那些在逆境中最终达到柳暗花明的人士，都是非常非常坚强乐观的。与此相反，那些悲观绝望的人，即使有很多很好的机会，也终将被命运抛弃。对于任何一个人而言，人生都不会永远一帆风顺。尤其是在漫长的一生之中，我们既会接受阳光的抚摸和清风的吹拂，也会被命运的浪涛抛弃又跌下。面对这一切，我们必须坚定不移地相信自己终将冲破乌云，顺利扭转局势。很多情况下，我们无法改变客观的存在，我们唯一能做的就是调整心态，采取正确的态度应对。这是我们的主场，我们要时刻牢记这一点。

纵观古今中外你会发现，但凡成功人士，一定有着积极的态度、有着顽强的毅力、有着永不放弃的信念。一次的拒绝并不意味着什么，一千次的拒绝也不代表我们无法迎来第一千零一次的成功。只要我们始终牢记心中的目标，坚持不懈，持之以恒，就一定能够冲破命运的藩篱，最终实现自己人生的理想。

天上不会掉馅饼，任何财富，都是给那些愿意付出的人准备的。倘若你总是采取被动消极的态度对待人生，你的人生就一定会充满失望。倘若你不管身处何种境遇都坚持努力，那么即便情况再怎么糟糕，你的心中也会充满希望，成功难道还会远吗?

第 02 章

不必较真，人生很长何苦为难自己

我们发现，面对生活，不少人不能放平心态，因为太较真了，所以对生活的要求越来越高，于是做不到放松心境，事实上，事物总是循着自身的规律发展，即便不够理想，它也不会因为人的主观意识而发生改变。不完美的生活才是真实的，才是美丽的，花开虽艳迟早要败，燕舞虽美却秋来南飞。完美的生活只会让生命失去意义，失去真实，失去意气风发的自我。较真只是在为难自己，苛责生活。凡事淡然，那么，快乐、幸福就会常伴我们左右。

不必较真，不妨学会顺其自然

在很多时候，过分较真其实是在为难自己，这并不是一个好品质。它就像是一个魔咒，一点点地禁锢着我们的身心，似乎我们不朝着之前的方向继续下去就对不起良心。较真，本身并不是一个贬义词，但凡事都会有一定的限度，“较真”也是一样，若是不顾一切的执着，则会不自觉地将自己的身心束缚，我们总是放不下，总是不愿意放弃，只是固执地朝着一个方向前进，不管前面是康星大道，还是死胡同。虽然，对生活较真是一种坚定的信念；对工作较真，是一种精神寄托；对爱情较真，是一种人生的美丽。但若是应该放弃时不放手，就会使自己不堪负重，甚至有可能走向另外一种悲惨的结局。

人生需要有信念，这样我们的生命才有前进的方向。但是，信念只有与自己合拍的时候，才能更好地发挥出引航员的作用。对此，在人生的路途中，我们要适时修葺自己的信念，让它与自己合拍，对于某些不切实际的想法，我们不应太较真、太执着，而是应该学会放弃，适时找到自己合适的人生信念，这样我们的生命才会更加绚丽灿烂。

生活中，有的人活得像小河里的溪水，虽然平静无波，却有顽强的生命力和战力，它能够经受暴风骤雨的侵害，也可以坦然面对夏日骄阳的炙烤，它从来不在乎外界变化。一个人活着也是一样，人要有信念，但不能过分执着，不能与生命较真，不妨学会顺其自然，对生命中的意外和阻挠不强求，这样方能阻止自己生命的脚步过快地到达终点。人的一生就好像花开花落，周而复始，没有什么花是永远不凋谢的。对待上天的安排，我们应该顺其自然，千万不能太过于执着，太较真是一种疼痛，一种心魔，它不断侵蚀我们内心简单的快乐，最后，我们只能满身疲惫地倒下。

如果我们希望与别人合作，自己已经明确地表达清楚意图，但对方却毫无回应，在这样的情况下，与其继续留下来攻坚，把时间花在啃掉这块硬骨头上，不如转身离去，把精力用来寻找新的目标。每个人做事都有自己的理由，放弃攻坚是对别人的尊重，这是一种明智的选择。大量事实表明，第一次不能成功的事情，以后成功的概率也是很小的，纠缠下去只会惹人厌烦，这样并没有太大的意思，与其把80%的精力耗在20%的希望上，不如以20%的精力去寻找新的目标，说不定还有80%的希望。

人生短暂，不要为小事而烦恼

心理导师戴尔·卡耐基曾说："许多人都有为小事斤斤计较的毛病。人活在世上只有短短几十年，却浪费了很多时间，去愁一些一年内就会被忘掉的小事。"在现实生活中，人们经常会为一些小事而烦恼，但事实上，这些烦恼都是我们自找的。一个内心浮躁的人往往倾向于自寻烦恼，在很多时候，他们忘记了甜蜜的爱情、美好的生活，而紧紧抓住一些芝麻大小的事情而烦恼。切记：不要让小事情成为人生的主旋律。

虽然，烦恼是我们每个人都避免不了的，但如果我们总是自寻烦恼，就连小小的事情也不放过，那么，烦恼就会我们生活的一部分，甩也甩不掉。许多人的烦恼都是自找的，本来没有烦恼的，或者说原本没有理由烦恼，但由于内心的浮躁，不自觉地就把一些小事当作烦恼的根源，最后，陷入痛苦的漩涡。对此，不要让小事成为你人生的主旋律。

罗勒·摩尔曾经历了这样一件事情，从这以后，他发誓再也不为小事而烦恼了。在他加入海军之前，他是一个银行的职员。曾经他为了多少小事而烦恼：比如工作时间长、薪水太少，没有多少机会升迁而发愁，为没有办法买自己的房子，没有钱买部新车而苦恼。那时候，他记得自己每晚回家的时候，总是感到非常疲倦和难过，经常与妻子因为一点小事而吵架，他还为自己额头上的一块小伤疤而烦恼过。

在参加海军后，他与队员经常会驾着潜艇出海巡逻。有一次，他们的雷达发现了一支日本舰队向他们开来。于是，他们向其中的一艘驱逐舰发射了三枚鱼雷，但遗憾的是都没击中，正当他们准备攻击另一艘布雷舰的时候，它却突然掉头向潜艇开来。为了躲避攻击，他们潜到了150英尺深的地方，为了保持安静，他们关闭了所有的电扇、冷却系统和发动机器。

几分钟后，几枚炸弹在他们四周爆炸，这样的攻击连续了15个小时。队友们躺在床上，保持镇定，其实，摩尔已经吓得不敢呼吸了，他想："这次完蛋了。"由于关闭了电扇，潜艇温度升到了40度，但摩尔却感觉全身发冷，穿上了毛衣依然全身发抖。在15个小时的攻击过程中，摩尔想到了很多事情，自己过去的一切都浮现在眼前，他想到了自己所干过的坏事，还有那些他曾烦恼的事情。

这么多年以来，摩尔始终觉得自己曾烦恼的事情都是大事，但自己感觉快死掉的时候，这些事情看起来是多么荒唐、渺小。摩尔意识到了自己的错误，他向自己发誓：如果还有机会见到太阳和星星的话，就永远不会再为小事而烦恼。

人们常常会为了很小的事情而烦恼，但是，一旦自己的性命受到了威胁，他会想到自己曾经烦恼的那些事情根本就不值一提，只有活着才是最重要的。摩尔在过去的那么多年里，都没有明白的道理，却在一次意外事故中明白透彻了。或许，对我们来说，付出如此的代价去明白一个道理实在有些不值得。那么，不妨放下自己心中的忧虑，别为小事而烦恼，不要让小事充斥我们的人生。

生活中，我们不曾被大石头绊倒，却常常因为小石头而摔跤。我们经常会为没钱买房子，没钱买车，没钱给自己买好看的衣服，甚至会因为点点小事跟家人吵架。但是，仅仅是这些令人头疼的小事，在遇到生命危险的时候，显得多么荒谬、渺小。假如真的到这个时候，或许我们会对自己说：假如我还有机会看见明天的太阳，我永远也不会再为那些小事烦恼了。

卡耐基曾告诉人们一个心理法则："生命太短暂了，不要再为小事而烦恼了；对必然的事情乐观承受，就像杨柳承受风雨，水接受一切容器一样；当你开始为那些已经过去的事烦恼的时候，你应该想到这个谚语：不要为打翻了的牛奶而哭泣；当我们害怕被闪电击倒，怕所坐的火车翻车时，想一想发生的概率，会把人笑死；要懂得闲暇时抓紧时间，繁忙时偷闲；如果我们以生活来支付烦恼的代价，支付得太多的话，我们就是傻瓜。"这些法则可以令我们轻松地卸下心中的包袱，从而变得快乐起来。

适时转弯，别不撞南墙不回头

在法国有一位名叫奥立昂的老人，他从20岁起就决心做一名画家，他一直勤奋地画呀画呀，几十年如一日，不过他的画却始终无人问津。终于，40年过去了，在他画了第9998张画时，他卖出了平生第一张画。看到这个故事，我们是应该欣赏他的执着，还是叹息他的较真和固执呢？花去人生那么多的时间，却是挖掘自己不擅长的一方面，最终的结果是可想而知的。人生就是一段旅途，当发现前方已经是一条死胡同，我们就要学会转弯。转弯并不是逃避，当你这件事情失败了，那可以改做别的，这并不是说这个人没有毅力。正所谓“天生我材必有用”“东方不亮西方亮”，闯入死胡同并不可怕，可怕是你一直跟自己较真，这样就会因循守旧地继续失败。转弯是为了寻找更好的道路以便前行，而并不是逃避。

克里斯朵夫·李维因主演《超人》而蜚声国际影坛，但就在1995年5月，一场激烈的马术比赛中，他意外坠马，成了一位高位截瘫者。当他从昏迷中苏醒过来时对大家说的第一句话就是：让我早日解脱吧。出院后，为了让他散散心，舒缓肉体和精神的伤痛，家人推着轮椅上的他外出旅行。

有一次，汽车正穿行在蜿蜒曲折的盘山公路上，克里斯朵夫·李维静静地望着窗外，他发现，每当车子即将行驶到无路的关头时，路边都会出现一块交通指示牌：“前方转弯！”而转弯之后，前方又是柳暗花明，豁然开朗。山路弯弯，峰回路转，“前方转弯”几个大字一次次冲击着他的眼球，他恍然大悟：原来，不是路已到尽头，而是该转弯了。他冲着妻子大喊：“我要回去，我还有路要走。”

从此，他以轮椅代步，当起了导演。他首次执导的影片就荣获了金球奖。他还用牙咬着笔，开始了艰难的写作。他的第一部书《依然是我》一问世，就进入了畅销书排行榜。同时，他创立了一所瘫痪病人教育资源中心，他还四处奔走为残疾人的福利事业筹募善款。

美国《时代》周刊曾以《十年来，他依然是超人》为题报道了克里斯朵夫·李维的事迹。在文章中，李维回顾他的心路历程时说：原来，不幸降临时，并不是路已到尽头，而是在提醒你该转弯了。

如果克里斯朵夫·李维以“让我早日解脱”的信念生活，那估计他的余生会在抑郁中了结，遗憾的是，这个世界上又缺少了一个好演员。当然，这只是如果，就好像克里斯朵夫·李维自己所说：“原来，当不幸降临时，并不是路已到尽头，而是在提醒你该转弯了。”当前面已经是死胡同了，为什么不选择退一步，给自己找一个修葺的地方呢？当自己重新燃起了信念之火，那我们又可以重新开辟一条新的道路出来。

事实证明，善于放弃的人是聪明的；而懂得转弯，更是明智的，也是最有可能成功的人。

顺其自然，凡事一颗平常心

人生在世，谁都不会事事顺心，多半时候都会遇到不顺心的事。此时，如果我们自暴自弃，那么，一生就是失败的。而如果我们能抱着一颗平常心，那么，我们也许看到的就是事物美好的一面了。

罗丹说："这个世界不是缺少美，而是缺少发现。"我们都有一双眼睛，用来看世界，但我们对世界的认识都是不同的。我们还有另外一双眼睛，它是长在心上的，那就是思维的角度。它比自然的造化的那双眼睛更为重要，因为它还能告诉我们：如何看自己、如何看世界。那就是"要拥有一双发现美的眼睛。"的确，生活的快乐与否，完全取决于个人看待人、事、物的角度。多从积极的一面看待世界，那么，世界就是美好的。

其实，生活中有很多这样的人，他们总是对生活现状不满，总是不断追求完美，有的人表现为对自己要求特别严格，而另外一些人则对别人非常严格，总体表现，就是看不到生活中美的一面，他们的脸上总是愁云密布，其实，如果他们能转个角度，那么，生活中便处处充满美好。

有位哲人曾经说过：孩子一出生就是哭泣的，因为他们知道自己将要面对很多的苦难。诚然，在我们的生活中，也是充满了各种各样的苦恼。家人身体不健康、工作不顺利、失恋、失业、求职碰壁等，所有这些事都让人头疼无比。遇到这些事情的人，我们可能会产生坏心情，可能会抱怨、生气等，但这些负面情绪都对事情的解决毫无益处。古希腊先哲埃比提德曾经说过："骚扰我们的，是我们对事物的意识，而不是事物本身。"这句话就是要告诉人们，坏情绪不能帮助你解决任何问题，还会为你带来很多莫名的苦恼。有句俗话叫做：兵来将挡、水来土掩。就是说，无论到了什么样的境地，遇到了什么困难，我们都不必苛求自己、苛求事态，我们要做的就是顺其自然，以好心态面对，路就在脚下。

真正的幸福，不是过去也不是未来，而是抓住现在手心里的幸福。不要认为别人的人生就一定会比你更好，你不是那个人，其实每个人的人生都不会比你更容易，做好自己的角色，这样就会拥有一个属于自己幸福的人生。

迷糊一点，别太在意别人怎么说

诗人但丁曾说：“走自己的路，让别人去说吧。”哲人尼采也说过：“面对别人的不喜欢应有坦然的态度。对方若是从生理上厌恶你，即便你如何礼貌地对待他，他都不会立刻对你改观。不可能让全世界的人都喜欢你。以平常心相待便是。”我们不可能获得所有人的支持和认同，面对他人的不喜欢乃至恶语攻击，我们都不必生气，应有坦然的态度。

人活于世，就难免会受到一些伤害。这些伤害，有来自肉体上的，也有来自他人语言上的，我们在被人侵犯身体时，可以通过法律途径解决，而遭到他人的语言攻击，我们常常无处申诉。语言的戕害难以言表，它会滞留在你的心灵深处，因此你得到同情的机会微乎其微，更不易得到帮助。其实，如果我们能迷糊一点，放下他人给我们带来的语言上的伤害，那么，对方必当会因为我们的以德报怨而心生惭愧，进而感念我们的宽容和大度，被我们的胸怀所折服。

可见，事情在很紧张、很严重的时候，如果我们能大度一点，放下对方不快的言语对我们造成的伤害，便可巧妙地避免麻烦和纠纷。

其实，退一万步讲，你遭到他人的恶语攻击也是有一定的原因的，那些受人攻击的往往都是那些任重道远的人。这种情况几乎在每个行业都一样，它正说明了你的价值所在。球星贝克汉姆也曾说："无法让所有人都喜欢你。"

要想打破他人的成见，我们最应该做的是做好自己，用实力给他们致命的一击。当然，即使那些偏见永远存在，也不必为之伤脑筋。你做任何事情，来自外界的评价都是两方面的，所以不要只看到杯子有一半是空的，还应该看到它还有一半是满的。对于别人的批评，有则改之，无则加勉，但没有必要因此影响自己的心情；对于看不惯你的人，如果他发现了你的缺点，应该勇于改正，如果是误会应该解释，解释不清，就不去解释，不妨敬而远之，敬而远之尤不可得，就避而远之。

但其实反过来一想，无论你怎么做人做事，总是有人欣赏你，让所有人喜欢是件不可能的事，想让所有人讨厌也不那么容易。你绝对不能因此而生气，更不能大动肝火，如果真这样，那么，你只能越描越黑，让他人产生很多无端的猜忌，另外，你也会因为这些空穴来风的话而大伤脑筋，其实，如果你能懂得放下的智慧，凡事不做过多的解释，那么，这便是最好的证据和回击的武器。

如果他是恶意他攻击的话，你可以一笑了之。那你别担心，因为一定是你在某一方面做得很好，可能他是出于嫉妒的心理，这说明可能你在某些地方做得超乎他的想象，所以对于这一类人你可以不用管他，继续走自己的路，唱自己的歌，做自己应该做的事，完全没有必要做什么所谓的“报复”。因为报复的代价实在是太高了，他最终会自己伤到自己的，你大可以放心做自己需要做的事。

但如果那人是出于一片好心对你的言语攻击的话，就说明你在某方面做得不够好而令他失望了，那你首先得要“负荆请罪”，然后找出自己的毛病来，并改正，努力做到最好！面对别人对你的语言攻击，尤其是让你生气的那一类攻击，只要你不生气，就是最好的反击，如果加上微笑，那就更完美了。

别为琐事生气，以一颗平和的心态迎接幸福

生活中，我们常常会感叹什么是幸福。其实，幸福很简单，它就是父母端上桌的热腾腾的饭菜、是恋人手中的玫瑰、是重获新生的喜悦、是雨后的阳光、是一件漂亮的衣裳、是看

电视剧情不自禁爆笑的瞬间……幸福往往就是那些我们容易忽视的感受，需要我们用心感知。然而，我们生活的周围，人们似乎总是因为一些事情而看不到幸福的存在：他们有的整日愁眉苦脸，小小的事情就能使他们不安、紧张，几乎每一件事情，都会在心中盘踞很久，造成坏心情，影响生活和工作；有的脾气暴躁，一点小事就会触及他们的神经，甚至与人怒目相向；有的总是不断抱怨生活，抱怨工作太辛苦、薪水太低；有的心眼如针，一旦发现他人犯错，便大加指责，咄咄逼人，引起别人的憎恶……这些人幸福吗？当然不！那么，他们为什么不幸福呢，因为他们太情绪化了！可以说，生气的情绪对于我们生活来说，犹如一颗定时炸弹，将严重影响我们的正常生活，使生活失去了原本平和的美丽。因此，如果你渴望抓住幸福，就应该首先修炼心性，只有做到对世间万事万物都能泰然处之，待人处事不温不火，才能以一颗平和的心态迎接幸福。

事实上，心性好坏与否，对于他人而言所产生的影响力倒是次要的，最严重的是对个人心态的影响。因为个人心态直接影响的是个人的命运、成败得失、是否幸福等。

心性健康的人，他们的眼里都是美好的事物，比如阳光、欢乐、温暖、健康。当他们遇到危险的时候，他们会有回避的能力，因此，他们有意愿并且有能力把日子过得顺心，就是遇到挫折，也能自我调整，能较自然地处在一种对事物的全面理解中。相反，那些心性不好的人，因为他们关注的视角不同，很明显，他们的生活是不幸福的。

然而，现实生活中，却有一些人特别容易情绪化，遇喜则喜，遇悲则悲，如遇不满，甚至破口大骂，很多不文明的举动相继爆发出来，形象全无。事实上，日常工作和生活中，令我们生气的事实在太多，我们根本不必要去愤怒，我们大可以把关注的视角放在事物的另外一个方面，对这一方面的联想往往能使我们心平气和下来，长此以往，你便能修炼良好的心性。而所谓的心性，其实就是一个人的善恶成分，好与坏，正确与错误，如何判断自我与外界关系的一种综合反映。

美国的一位心理专家说："我们的恼怒有80%是自己造成的。"而他把防止激动的方法归结为这样的话："请冷静下来！要承认生活是不公平的。任何人都不是完美的。任何事情都不会按计划进行。"

聪明人深知，即使生气了也挽回不了什么，徒增许多怨气。于是，他们选择了不生气；愚蠢的人，他们总是看到事情的表面，凡事喜欢生气，总认为生气是自己的专利，殊不知，时间久了，生气成为了自己的本性。做一个聪明人，还是愚蠢的人，关键是看你如何去选择。

第03章

美好的心灵，是对生命的虔诚

我们都知道，人是社会的人，自从人的肉体来到尘世，就不可能做到真的超然物外，灵魂也不可能纤尘不染。被太多自我意识浸染过的灵魂，是会变得越来越沉重的。对此，我们一定要修炼一颗纯净、美好的心灵，要学会助人、爱人，学会控制自己的私欲，只有这样，才能做到洗涤自己的灵魂，才能收获美好!

赠人玫瑰之手，经久犹有余香

当你帮助别人付出了劳动没有得到金钱和物质上的回报时，一定可以得到精神上的某种愉悦。这就是心理学中的“助人为乐定律”，也被称之为“快乐守恒定律”。一粒沙子可以看到世界，一朵野花也可以看到天堂，从你的手心里可以了解无限，从一瞬间能够知道永恒。人们在任何时候都是一个平衡系统，在这个世界上，既没有无缘无故失去，也没有无缘无故获得。有时候，我们失去了物质却换得了精神上的超额快乐；有时候，看似自己占了便宜，却不知不觉中透支了精神的快乐。所以人们常说：吃亏是福。在现实生活中，许多人低调地做着各种各样的事情，而他们收获了一种非比寻常的快乐。或许，有人认为那些所谓的“圣人”是快乐的，而自己始终不能收获快乐，但殊不知，“圣人”从来都不是我们想象的那样高不可攀。同样是面对快乐守恒定律，他们只是善于把握精神快乐大于物质得失的分寸，因此，他们比我们多了圣人的品质。助人为乐定律告诉我们：帮助别人，我们可以获得精神上的愉悦，这远比物质带来的快乐重要的多。

印度有句古谚：“赠人玫瑰之手，经久犹有余香。”当我们帮助别人的时候，虽说看似自己付出了，但是，我们却能收获一份难得的快乐。如果我们仅仅只懂得收获，而不懂得付出，那么我们就会失去快乐。即使帮助了别人，自己并没有获得任何回报，但是那份精神上的快乐是任何东西都无法替代的。在快乐守恒定律中是这样认为的：“第一定律，当你付出劳动没有得到金钱和物质上的回报时，一定可以得到等值的精神愉悦；第二定律，当一个人有足够的经济条件助人为乐或乐善好施时，他当年为了生计而不择手段的罪恶会得到一定的忏悔和救赎；第三定律，越是经济发达地区和高收入人群越容易产生义举和义工。”在很多时候，我们模糊了快乐的定义，总是认为帮助别人是一种付出，并把它当作是一种不快乐的行为。但事实上，不过以自己的微薄之力而换来的精神愉悦，这是何等的不等价交换。所以，学会帮助他人吧，让自己获得非同一般的快乐。

如果自己的快乐总量比正常人多一些，是因为自己占有了别人曾经遗失的快乐；如果你的快乐总量少一些，是因为自己的快乐曾经遗失了一些。有时候，我们会感觉异常烦闷或懊恼，这时候，你可以反思自己，是否我们在生活中遗失了快乐呢？自己的内心是否变得吝啬呢？所以，从今天起，学会布施吧，遵从助人为乐定律，让自己感受一份非比寻常的快乐！

学会爱人，唯有“爱”能打败自私

虽然人皆有私，但爱会让私心变淡。俗话说：“人不为己，天诛地灭。”虽然，这句话里有稍微夸大的成份，但是，它却揭示了一个再简单不过的道理：每个人都是自私的。那些崇尚大爱无私的人，毕竟是少数。每个人的内心都有个小小的自我，他们的一些行为或举动都是源于自我需求，他们总是在考虑自己是否损失了利益。对于大多数人来说，在他们的内心深处或多或少都有一些私心，如果他们能够奉献出点滴的爱，那也是在满足了自我需求之后。自私者的内心长满了荒草，而充满爱心的人，他们心中都有一座美丽的大花园。爱和自私是一对敌人，爱心本身就是无私的，而自私总是以自我为中心，总是想着自己的得失。但是，爱与自私并不是毫无关系，如果说什么东西能够打败私心，那就只有“爱”了。或许，每个人都有那么一点私心，但是，爱会使私心暗淡。

哈佛心理学系的霍华德·加德纳教授曾说：“现代美国人之间的冷漠与孤独很大程度上要归咎于人们自身，是我们自己选择了这样的结果。”面对着渴求帮助的人，许多人总是把自己宝贵的东西隐藏起来，害怕给予与付出，这就是私心的一种表现。但是，若是对方首先拿出自己最珍贵的东西，那么，在爱心的感召下，私心会变得逐渐暗淡，他也会不自觉地拿出自己的东西，以求一种心理上的平衡。

在爱面前，再坚固的私心城堡也将会被摧垮，私心逐渐变得暗淡，只能畏缩在那个小小的角落，或者是消失不见。自私，是人性最大的缺点，那些自私自利的人，他们只能守着荒芜的心灵花园，独自到老。而那些充满爱心的人，他们的花园里挤满了游客，到处飘洒着快乐与幸福。假如自私的人无意间路过那个美丽的花园，那么，在爱心的召唤下，他们内心的自私也会逐渐被瓦解，重新建立起一座美丽的心灵花园。

替人着想，忧他人之忧，乐他人之乐

爱心是人生美丽的源泉。前联合国秘书长安南，曾在美国德克萨斯州的一个庄园举行了一场慈善晚宴。就在晚宴即将开始的时候，一位老妇人领着一个小女孩来到了庄园，小女孩手里捧着一个看上去很精致的瓷罐。然而保安因为她们没有请柬而拒绝她们入内，小女孩说："叔叔，慈善的不是钱，是心，对吗？"小女孩的话让保安不知所措，而曾被哈佛大学拒之门外的沃伦·巴菲特说道："孩子，你说的对，慈善的不是钱，是心！你可以进去，所有有爱心的人都可以进去，因为有爱心的人就是最好的请柬。"

爱心是人生最美的化妆品，它可以令人生释放出无与伦比的美丽，我们可以毫不夸张地说"爱心是人生美丽的源泉"。有位生病的孩子这样写道："只有你装饰了别人的风景，别人才会装饰你的梦；你若想要别人装饰你的梦，你就要学会装饰别人的风景。"爱心装饰了人生，我们才有源源不断的美丽与希望。甘地有一次坐火车，他的一只鞋子掉到了铁轨旁边，这时候火车已经开动了，没有办法再捡回鞋子。甘地索性将自己穿在脚上的另一只鞋子也脱下来扔下火车，旁边的人感到很不解，甘地却笑着说："这样一来，看到铁轨旁的鞋子的穷人就能得到一双鞋子了。"甘地的一生都在为印度人民而奋斗，有谁能说他的心灵不美丽呢?

罗曼太太是一位有钱的贵妇人，她在亚特兰大城修了一座花园，这个花园又大又美，吸引了许多游客来玩耍，他们毫无顾忌地跑到罗曼太太的花园里嬉戏。年轻人、小孩子、老人纷纷都涌来了，他们快乐地跳啊、唱啊、笑啊，罗曼太太站在窗前，看着这群快乐的人，看着他们在属于自己的花园里唱歌跳舞，心里不是滋味，她越看越生气。为了阻止那些人到自己的花园里来，罗曼太太吩咐仆人写了一块牌子，上面写着：私人花园，未经允许，请勿入内。但是这一点也不管用，那些人照样成群结队地进来游玩。

后来，罗曼太太想出了一个绝妙的主意，她让仆人把花园外面的那块木牌取下来，换上了一块新牌子，上面写着：欢迎你们来此游玩，为了安全起见，本园的主人特别提醒大家，花园的草丛里有一种毒蛇，如果哪位不慎被蛇咬伤，请在半小时之内送往医院或采取急救措施，否则将会有生命危险。这简直是一个绝妙的主意，那些游客看了牌子之后，再也不敢来玩了。

几年过去了，罗曼太太独自守着荒芜的花园，由于走动的人太少，花园里杂草丛生，真的滋生繁衍出了毒蛇，罗曼太太变得寂寞，她十分怀念那些曾经来自己花园里玩耍的游客。

每个人的心中都有一座美丽的大花园，如果我们愿意让别人再次种植爱心，同时，我们也让这份爱心感染自己，这样，我们心灵的花园就永远不会荒芜。爱心是人生最美的装饰品，然而，与其他那些装饰品不同的是，爱心并不是用来闲置的，而是用来付出的，谁付出了它谁就会收获好运的回报。

马克·吐温说："无论是朋友或是生人遭到了危险，我们都要大胆地承担下来，尽力帮助人家，根本不考虑自己需要付出多大的代价。"这就是爱心，它如同冬日里的阳光，使那些饥寒交迫的人感到人间的温暖；它如同一件美丽的衣裳，为我们的人生点缀出不一样的美丽。哈佛学子爱因斯坦说："对我来说，生命的意义在于设身处地替人着想，忧他人之忧，乐他人之乐。"

愉悦他人，就能获得快乐

伟大的精神病专家阿德勒曾对那些精神忧郁症患者说：

“如果你遵照我开的处方去做，你就可以在两周之内痊愈：每天想想如何让别人高兴。”阿德勒医生要求我们每天都做一件好事，但什么是好事呢？“好事，”先知穆罕默德说，“就是能给别人脸上带来开心微笑的事。”

是啊，快乐有着无穷的感染力量，可以传递给他人，即便是你为他人去做一些让对方快乐的事情，其实，这样是为自己获取快乐，这种行为，是共赢的。

海丽最近比较郁闷，在茫然与寂寥中，她驱车去了一个聚会。她认识的几位朋友正在筹备一个活动。

还未进入活动大厅，海丽就已听到悠扬的歌声。原来大家正在排练圣诞节的歌舞节目。见海丽进来，几位朋友马上笑着过来和她握手打招呼，活泼的尼亚更是给了海丽一个热情的拥抱，不相识的人也笑眯眯地向她致意问候。霎那间，一种亲切之感涌上海丽的心头。

柔美的歌声在大厅中回荡，大家随着钢琴动听的旋律用不太熟练的舞姿诠释着歌曲的内容。大家边表演边讨论边改进，时不时会因为某个动作的滑稽而爆发出阵阵笑声。她们全身心地投入到歌舞中，看起来年轻且充满活力。实际上她们的年龄都已不小，几位年长者已七十有余了。然而她们显得那么开心，那么富有激情，那么乐观向上！她们欢快地唱着，忘情地跳着，在唱唱跳跳和欢声笑语中尽情地享受着生活的美好与快乐。

海丽被这种欢快的氛围包围着，融化着，心情也在不知不觉中渐渐变得开朗起来了。

随后，海丽认识到了快乐的传递功能，每次当她心情不好的时候，她都尽量克制自己的郁闷心情，尽量用快乐的面貌面对他人，她的快乐传递给别人，别人反馈给她更多的快乐，慢慢的，她内心的那些阴云都在快乐中消失了。

快乐是会传染的，不信吗？你笑着面对别人的时候，别人的笑定会对着你，这就是快乐的感染力。当你快乐的时候，别人的心情会因你而受到感染，别人的笑声同样的再次感染着你，这样的快乐会在笑声中度过，再多的时间也会飞一般的过去，再多的忧虑都会消失。

如果无人分享你的快乐，那么这种快乐是浅薄的。只有当快乐成为大家的，它才实现了真正的价值。每个人都希望自己快乐，但并不是每个人都会无时无刻找到快乐。所以，我们不如把快乐传递给别人，一传十，十传百，最后变成与世界同乐，这才是快乐最好的归宿。

1.做一个喜欢分享的人

分享苹果、荷包蛋，这是极小的生活细节。然而，在这样的细节之中，作者懂得了什么是分享。其实分享一直都贯穿在我们的生活之中，留心观察，你会发现，是分享串联了生活中一个又一个温馨的画面。懂得分享，也就让我们拥有了神奇的温暖人心的力量！

2.平日里及时问候一下自己的亲友

快乐的人每天都会得到一种短暂的友好问候，仅仅五分钟的电话就会使人们快乐起来。麦尔斯说："这是因为它让我们记起了生活中的关爱，享受到生活中的喜悦，分担了生活中的忧虑。"

3.有一颗有爱的心

传递快乐，除了要有一颗快乐的心，你还要有爱心。别人烦恼时，不要吝惜你的安慰，也许你并不能帮她解决问题，但是一句安慰的话可以温暖她的心；在旅途中，陌生人走在一起总是会保持冷漠，这时，你主动说话，一句玩笑或一个微笑，也许又是一段新的友谊……

尼古拉斯·克里斯塔基斯教授认为：分享快乐、传播快乐，本身就是一种幸福。只要你心中有理解、有宽容，那么快乐将越分享越繁盛。分享快乐，得到的是别人，收获的是自己；分享快乐，享受的是别人，领悟的是自己；分享快乐，感染的是别人，幸运的是自己。

心怀感恩，珍惜别人的爱和关心

在日常生活中，很多人常听到爸妈抱怨孩子不懂事，孩子抱怨爸妈太啰嗦，男生抱怨女生不懂温柔。女生抱怨男生过于霸道；在工作中，也常出现上司抱怨下属工作不认真，下属抱怨上司不体谅。其实，这主要是因为他们对生活缺少了一份感激之情，总是抱怨自己的不如意，而没有留意那些值得纪念的幸福时光。当抱怨越来越多，当感激之情越来越远，慢慢的你就会变得越来越暴躁。

谭香是公司里的一个小职员，年轻漂亮，但是工作经验很少，很多事情都要向同一个办公室里的琳琳姐请教。那位琳琳姐是个热心肠，谭香一遇到问题她就非常积极地提出建议。后来谭香习惯了她的帮助，有时候竟然忘了说句谢谢。后来，琳琳姐生病住院了，医生说需要休养半年才行。

琳琳姐不来上班了，谭香心里空荡荡的，好像少了一些什么，但是又说不出来。但是，每当遇到问题的时候，谭香都觉得有琳琳姐在实在是太好了，什么问题都可以向她请教。有一次，谭香对一种货单实在是不知道怎么处理，想去问别的办公室里的人，又不好意思，自己研究了一上午也不知道怎么办。最后鼓足勇气去向别的办公室里的人请教，迷津解开了，谭香对人家千恩万谢，心想真应该感激琳琳姐那么无私地帮助自己，也真该庆幸有那么一位好同事。

半年之后，琳琳姐终于回来了，谭香高兴地给了她一个大大的拥抱。谭香非常珍惜和琳琳姐相处的日子，什么活都抢着干，遇到问题两人一起解决，就这样，两人同心协力，把所有的事情处理得井井有条。琳琳姐觉得和谭香在一起非常开心，工作中一点烦恼也没有，身体也变得健康了。

很多时候，我们会把别人对自己的好心帮助视为理所当然，朋友乐于与我们交往，一些小事情，当然帮得十分乐意。但是，谁都不愿看到自己的好心得不到好报，一次两次也许还可以忍受，但是渐渐地就会用光交情。那时候，朋友似乎不再那么乐意助人了。所以说，我们不要把对方的爱看作是理所应当的，没有谁应该对谁好，如果你身边有一位乐于助人的人，请你一定要善待他。

人们在生活中心存感激，是一种生活态度，是一种对未来，对社会发展充满希望的心态，也是人的一种处世性格。能做到这一点，就会少了很多的烦恼和不满，也就少了很多的迷茫，永远对生活心存感激，让自己的生活永远充满快乐和幸福。

相反如果不懂感恩，你就会马上陷入一种糟糕的境地，对许多客观存在的现象日益挑剔甚至不满。如果你的头脑被那些令你不满的现象所占据，你就会失去平和、宁静的心态。久而久之，你就会变得越来越消极，心情也会越来越杂乱。

心存感恩，你才能挖掘更多的美，更懂欣赏美。人生不如意之事很多，如果我们能摒弃其间的不快，用一颗感恩的心去发现生活中美好的一面，那么，即便身处荆棘，你也能活得快乐、幸福。当我们怀着感恩的心开始一天的生活，这一天将不再乏味枯燥，而成为令人激动的创造和奉献。

1.知恩图报

动物尚且知道“知恩图报”，人在接受了别人的帮助以后更是应该懂得去感恩，这也是一个有良知的人应有的举动。俗话说：“受人滴水之恩，当以涌泉相报。”对父母的养育之恩、朋友的帮助、兄弟的关心，乃至于大自然所给予的一切，我们都应该心怀感激之情。

2.送点礼物给对方

也许你不知道用什么方式表达自己的感激，你可以请对方吃顿饭，送对方点小礼物。虽然只是一种形式，但是表示了你的心意，对方也能感受到，知道你是在乎他这个朋友的。大家应该牢记一句话：滴水之恩当涌泉相报，用人格魅力感染身边的人，你才会更加受人喜欢。

3.换个角度看问题

如果你觉得这样的生活辜负了自己，这时不妨尝试换个角度，在痛不欲生前，给生活一个微笑。这不容易做到，但过去并不总是预言着将来，幸福也并不总是虚无缥缈，生活也许听过我们之前的每一句牢骚，但它还没有看到我们今天的表现，不是吗？

当一个人施舍或帮助另外一个人的时候，是一种付出，是一种不求回报的奉献。真心付出的人，很少会考虑今后要讨回曾经的付出。在付出的时候，他们在内心已经收获了给予的快乐。施予与接受不是借贷关系，是一种传递关系；在给予中传递爱心，在回报中感受幸福。

要想快乐，首先学会分享这一加减法

真诚分享，会让你收获更多。一位老人向一个前来拜师学艺的年轻人问了这样一个问题："如果你有5个苹果，你会怎么做呢？"年轻人不假思索地回答："我会自己吃掉一个，另外四个分给朋友。"老人似乎对这答案很满意，忍不住好奇地问道："为什么？"年轻人回答道："我吃一个苹果，能品尝出苹果的味道，吃5个苹果还是只能品尝出苹果的味道，不如与别人分享，倒不如让别人也品尝苹果的味道，这样5份苹果的味道变成了1份苹果的味道与4份快乐，何乐而不为呢？"老人赞许地点点头，就这样，这位年轻人被艺术精湛的大师留下了。

一位化学家说："我最喜欢跟我的好朋友在实验室里做实验，因为我能够跟我的朋友一起渡过难关。"这就是一种分享。爱迪生懂得分享，所以，他用光亮照亮了整个人类世界；梵高懂得分享，所以，朋友会在"向日葵"里感知燃烧的友情。事实上，真诚地分享，会令我们收获更多。托尔斯泰说："神奇的爱，会使数学法则失去了平衡，两个人分担一个痛苦，多了一份痛苦；两个人分享一个幸福，却可以拥有两个幸福。”分享，本身就是一个加减法，它令我们的痛苦越来越少，快乐却越来越多。生活中的许多东西都是分享而得来的，如果你想获得更多的东西，那么，请先从分享开始吧！

哈佛学子汤姆是一位工程师，虽然拥有了体面的工作，但是来自生活的种种磨难，令他感到沮丧。虽然汤姆已经到中年了，事业还是没有任何起色，他常常无端地发脾气，怨天尤人。有一天，他对妻子说：“这个城市令我很失望，我想离开这里，换个地方。”于是，他毅然决然地搬了家，无论身边的朋友怎么相劝，都无法改变他的决定。

汤姆和妻子搬到了另外一个城市，在新的环境里，汤姆每天早出晚归，似乎很享受这样的状态。一个周末的晚上，汤姆和妻子正在整理房间，突然停电了，整个屋子一片漆黑，汤姆后悔自己没有购买一些蜡烛，他无奈地坐在沙发上，又开始抱怨了起来。这时，门口传来了轻轻的敲门声，汤姆在陌生的城市并没有熟人，他也不希望自己的生活被人打扰，他不情愿地起身开门，极不耐烦地说：“谁啊？”门口站着一个黑影，问道：“你有蜡烛吗？”汤姆气不打一处来，生气地回答：“没有！”说完，“嘭”的一声就把门关上了。

回到客厅的汤姆开始向妻子抱怨：“真是麻烦，讨厌的邻居，我们刚刚搬来就来借东西，这么下去怎么得了！”正在他抱怨的时候，门口又传来了敲门声，汤姆生气地打开门，门口站着一个小女孩，手中拿着两根蜡烛。小女孩奶声奶气地说：“奶奶说，楼下新来了邻居，可能没有带蜡烛来，要我拿两根给你们。”汤姆一下子愣住了，好不容易才缓过神来，对小女孩说：“谢谢你和你奶奶，上帝保佑你们！”拿着两根蜡烛回到了客厅，汤姆瞬间意识到自己失败的根源：对他人太冷漠、太刻薄了，不懂得与他人分享。

邻居的乐于分享感染了汤姆，而那份由两根蜡烛传递的爱更令汤姆感到羞愧。哈佛教授霍华德·加德纳曾经告诉学生：“想让自己的心灵照进阳光，先要打开一条对外的缝隙。”心里充满了爱，我们就会想到分享，定会收获分享的快乐。如果一个人总是抱怨自己不得志，但是又不愿与他人分享自己的得失，那么他注定会成为没人关心的可怜虫。

有人说，要让自己快乐，最好的办法就是先令别人快乐。而分享本身就能带给别人快乐，在分享的同时，他人会感受到那份久违的爱。一份快乐如果乘以十三亿，那就是更大的快乐；一份悲伤如果除以十三亿，那就是渺小的悲伤。分享有一种神奇的力量，它可以使快乐增加，使悲伤减少，最终，它带给我们的只有快乐。同时，分享是一座天平，你给予了他人多少，他人便会回报你多少。分享是收获的前提，假如我们真诚地与他人分享，那么我们必然会收获更多的东西。

第 04 章

得失淡然，从容间学会拿起和放下

人生一世，贫与富、贵与贱、荣与辱、得与失在所难免，我们无法控制，但我们可以把握自己的心态。我们应当学会在生活中寻找一个平衡的坐标，让自己不因得意而张扬，也让自己不因失意而沉沦，在面对生命的大喜大悲或者生死无常的时候，能以一种淡然的心态来对待一切，那么，那些人生中的名缰利锁和悲欢离合也自然会纷纷落地成尘。

患得患失，会承受本不该承受的痛苦

生命这一叶扁舟，载不动太多的物欲和虚荣，如果不想生命之舟搁浅或沉没，我们就要学会退一步，用高远的眼光看清人与事。在印度热带丛林中，当地居民是这样捕捉猴子的：在一个固定的小木盒子里面装上了坚果，再把盒子打开一个小口，刚好够猴子的前爪伸进去。猴子为了取得盒子里的食物，抓住坚果，爪子就抽不出来了。人们用这样的方式来捕捉猴子，几乎每一次都能获得成功，因为猴子有个习性，那就是不肯放下已经到手的东西。也许，看了这个故事，我们会嘲笑猴子的愚笨，但是事实上，生活中的我们有时候也跟猴子一样，总是不肯退步、担心失去，所以，最终承受了那些本不该承受的痛苦。

史学家范哗说："天下皆知取之为取，而不知与之为取。"得与失是互相转化的结果，这句话似乎道出了所有的哲理。那些懂得其中玄机的人，善于掌握得失的主动权，用长远的眼光看清自己的所得所失，所以，他们更容易获得自己想要的东西。这时候，退一步并不是放弃，而是一种新的获得。生命只有两种状态，运动和停止，只会向前猛冲，而不懂得退步或减速的人，在人生的某个弯道处，一定会冲出跑道，一定会失去更多。

智者说：当我们无法前进的时候，退一步也是一种智慧。这与哈佛所崇尚的“人生不仅需要运动，还需要停止”是相通的。在通往成功的路上，若是不顾头破血流地一意孤行，最后我们可能什么都不能得到；但是如果我们能够停下来，或者退后一步，我们会看清前方的景色，这样我们更容易获得最后的成功。

退一步，并不是懦弱的表现，而是一种智慧的策略。有时候，看似退了一步，实则前进了一步，这才是得与失最智慧的所在。当我们向后退了一步，也许会重新看清一些东西，或许，你会注意到，有的人因负荷太重而步履维艰，有的人因欲壑难填而疲于奔命，有的人因深陷其中而难以自拔。如果我们想踏上轻松的人生之旅，请学会退一步，或者停下来欣赏路边的风景，这样我们才能更有力量走完后面的路程。

拿得起放得下，才能活得轻松而幸福

我们常说：“拿得起，放得下。”其实，所谓“拿得起”，指的是人在踌躇满志时的心态；“放得下”，则是指人在遭受挫折或者遇到困难时应采取的态度。范仲淹说“不以物喜，不以己悲”，有了这样一种心境，就能对大悲大喜、厚名重利看得很小、很轻，自然也就容易“放得下”了。

法国哲学家、思想家蒙田说过：“今天的放弃，正是为了明天的得到。”在这个世界上，为什么有的人活得轻松，而有的人为什么活得沉重？前者是拿得起，放得下；而后者是拿得起，却放不下，所以沉重。所以，人生最大的包袱不是拿不起来，而是放不下。

人生的烦恼来自于非分的欲望，种种诱惑使你心中的明月蒙尘。修养心灵不是一件容易的事，要用一生去琢磨。“放下”，这是非常不容易做到的，有了功名，就对功名放不下；有了金钱，就对金钱放不下；有了爱情，就对爱情放不下；有了事业，就对事业放不下。我们在肩上的重担，在心上的压力，可以说使人生活得非常艰难。

成功并不总是青睐那些死守一个真理的执着者，还格外偏爱那些懂得适时放弃的聪明人。要想达到自己的目标，我们固然要“拿得起”；但与此同时，当我们发现“此路不通”时，也要学会及时地放下。片面地偏向任何一点，生命的天平都有可能发生难以控制的偏斜，到时再补救就来不及了。李嘉诚曾在长江集团周年晚宴上说：“好的时候不要看得太好，坏的时候不要看得太坏。”这句话是李嘉诚人生修炼最高境界的体现，也就是“拿得起，放得下”的智慧。歌德说：“一个人不能永远做一个英雄或胜者，但一个人能够永远做一个人。”这里，“做一个英雄或胜者，指的便是“拿得起”的状态；而“做一个人”便是“放得下”的状态。

然而，如果你能够领悟“放下”的道理，你将会有一种如释重负的感觉。因为只有懂得放下，才能掌握当下。放下就是快乐，只要你心无挂碍，什么都看得开、放得下，何愁没有快乐的春莺在啼鸣，何愁没有快乐的泉溪在歌唱，何愁没有快乐的白云在飘荡，何愁没有快乐的鲜花在绽放！

许多事情，总是在经历过以后才会懂得。就像感情，痛过了，才会懂得如何保护自己；傻过了，才会懂得适时地坚持与放弃。在得到与失去中我们慢慢地认识到自己。其实，生活并不需要这些无谓的执着，没有什么真的不能割舍。学会放下，生活会很容易。

抱着积极乐观的心态，失去也会变得可爱

人生短暂，与浩瀚的历史长河相比，世间一切恩恩怨怨、功名利禄皆为短暂的一瞬，“福兮祸所伏，祸兮福所倚”。得意与失意，在人的一生中只是短短的一瞬。普希金在一首诗中写道：“一切都是暂时的，一切都会消逝；让失去的变为可爱。”有时，失去不一定是忧伤，反而会成为一种美丽；失去不一定是损失，反倒是一种收获。只要我们抱着积极乐观的心态，失去也会变得可爱。

能否舍弃人生路上必须舍弃的东西，这是衡量一个人是否成熟、是否具有智慧的一个重要标准。因为只有当一个人能够冷静而准确地认识自己，认识环境；能够理性、客观地规划自己的理想与生活的时候，他才敢舍弃，他才能够舍弃。舍弃是大自然的规律，舍弃是生存的一种方式，舍弃是智者的行为。

生活在尘世中的人们，通常有一个可怕的心理，就是“终朝只恨聚无多”，干什么都想赢，舍弃谈何容易？纵观社会，

横看人生，有撑死的，也有饿死的，有穷死的，也有富死的，有能死的，也有窝囊死的，有因祸得福的，也有因福得祸的，如此等等，不一而足。何时该获得，何时该舍弃，天下没有放之四海而皆准的真理，只有根据此时、此地、此情、此景去综合的考虑，但是人们考虑获得和舍弃的时候大都有一个误区，不能用辨证的哲学的观点来权衡获得和舍弃的利弊得失。

放弃是一种睿智，它可以放飞心灵，可以还原本性，使你真实地享受人生；放弃是一种选择，没有明智的放弃就没有辉煌的选择。进退从容，积极乐观，必然会迎来光辉的未来。放弃绝不是毫无主见，随波逐流，更不是知难而退，而是一种寻求主动、积极进取的人生态度。我们不惜一切求取成功。可是，失败是不可避免的。如果我们做得优雅，保持平衡，我们就可以得到平安，从经验中成长。

放弃，是一种睿智，是一种豁达，它不盲目，不狭隘；放弃，对心境是一种宽松，对心灵是一种滋润，它驱散了乌云，它清扫了心房。有了它，人生才能有爽朗坦然的心境；有了它，生活才会阳光灿烂。善于放弃是一种境界；是历尽跌宕起伏后对世俗的一种不屑；是饱经人间沧桑之后对财富的一种感悟；是运筹帷幄、充满自信的一种流露。只有在了如指掌之后才会懂得放弃并善于放弃，只有在懂得并善于放弃之后才会获得更大的成功。因此，我们在争取拥有的同时，也要懂得学会放弃，遇事都要退一步，不必斤斤计较。

忘却今天的失意，明天的太阳依然会升起

吕坤在《呻吟语》中这样写道："在遭遇困难的时候，内心却居于安乐；在地位贫贱的时候，内心却居于高贵；在受冤屈而不得伸的时候，内心却居于广大宽敞，就会无往而不泰然处之。把康庄大道视为山谷深渊，把强壮健康视为疾病缠身，把平安无事视为不测之祸，那么你在哪里都不会安稳。"人生中的失意只是暂时的，这是上天为了给我们更多考验的机会，只要熬过失意的痛苦与疲惫，我们就可以重新扬起生活的风帆。在生活中，有些人一旦遇到了什么不如意的事情，就觉得自己倒霉了，走到人生的绝路了，他们便开始自暴自弃，甘愿被失败打败，最终他们彻头彻尾成为了一个失败者。其实，这些人是被失意的情绪蒙蔽了自己的眼睛，他们忘记了明天的太阳还会升起，终日沉浸在失意的痛苦中，最后也被这痛苦

所吞噬。

王太太有一个美满的家庭，不过在她大儿子上小学三年级，小儿子上小学一年级的时候，灾难突然降临到她家。丈夫因交通事故死亡，而且还被法庭判成了责任方，为此，她只得卖掉房子和土地来赔偿。

最后王太太带着两个孩子背井离乡，到处流浪，好不容易得到一家人的同情，把一个仓库的一个小角落租借给她们母子三人居住。在不大的空间里，王太太铺了一张席子，拉了一个没有灯罩的灯泡，一个炭炉，一个吃饭兼孩子学习两用的小木箱，还有几床破被褥和一些旧衣服，这些便是他们全部的家当。

为了维持生计，王太太每天早上很早就离开家，先后去几处打零工，回到家里已经半夜了。于是家务的担子就落在了大儿子身上，生活非常艰苦，王太太哪能忍心让孩子这样艰难地熬下去呢？她想到了死，想把两个孤独无依的孩子也带走。

有一天，王太太泡了一锅豆子，早上出门前，她写给大儿子一张纸条："锅里泡着豆子，把它煮一下，晚上当菜吃，豆子烂了时少放点酱油。"

这天王太太干了一天的活，实在累了，失去了活下去的勇气，她偷偷买了一包安眠药带回家，打算当天晚上和孩子们一起去死。回到家，她打开房门，见两个孩子已经睡了，在枕边放着一张纸条：“妈妈，我照您的话去做，认真地煮了豆子。不过，晚上盛出来给弟弟当菜吃的时候，弟弟说太咸了，没法吃，他只吃了点冷水泡饭就睡觉了。妈妈，实在对不起。不过，请妈妈相信我，我确实是认真煮豆子的。妈妈求求您，尝一颗我煮的豆子吧。妈妈，明天早上不论您起得多早，都要在您临走前叫醒我，再教我一次煮豆子的方法。妈妈，您今天一定很累吧，我心里明白，妈妈是在为我们操劳。妈妈，谢谢您，不过请妈妈一定要注意自己的身体，我们先睡了，晚安！”泪水从王太太的眼里夺眶而出，她看着熟睡的孩子，毅然放下了死的念头，因为她突然发现还有许多的东西支撑自己活下去。

失意时人们总想着放弃，他们被一时的痛苦所蒙蔽，看不见人生中如花般的美好。王太太所遭受的打击是致命的，一个弱女子，还带着两个需要照顾的孩子，该如何活下去？失意的她看不到希望，得不到帮助，唯有靠自己。假使心态稍有偏差，她就会选择结束自己的生命。然而，是孩子那几句乖巧而懂事的话，让她看到了活下去的希望：孩子这么小，都在坚强地伴我生活，我呢？当然是更应该承担起做妈妈的责任，积极向上，努力活着。

失意的情绪是折磨人的：低落、痛苦、沮丧。稍有不慎，我们就会被这样的情绪牵着鼻子走，在失意的情绪中自暴自弃，绝望地把自己的生命往悬崖上推，最后毁灭自己。当我们遭遇失败时，产生失意的情绪是难以避免的，但是假如我们只是沉浸其中，甚至被其蒙蔽了双眼，那失意就会如影伴随。假如我们换个角度，或者看看周围，努力摆脱这种负面情绪的困扰，那我们最终会成为一个得意者。

活在世界上的每个人，都会经历不同程度的困境。困境是生命过程中的一部分，因困境产生的失意情绪也是不可避免的，在失意中沉沦还是在失意中崛起，全看我们自己是否心中充满着希望。所以，当困难与挫折来临的时候，应平静面对，不要被失意的情绪蒙蔽了双眼，积极乐观地去处理，只要我们心中怀着希望，那就有了战胜困难的勇气。

看淡得失，练就超拔的人生态度

人总是从无到有就快乐，从有到无就痛苦。其实，“有”有何欢？一切拥有的都以失去为代价；“无”有何苦？人生本来就是一场空。有无之间的更替便是人生，得失之后的心态决定苦乐，看淡了得失，也就远离了痛苦，才有闲心品尝生活的幸福。看淡了，在得意的时候，你不会浮躁、膨胀；即便是在你失意的时候，也不会觉得悲愤、绝望。人生本来就不是一杯白开水，它有着酸甜苦辣，有着喜怒哀乐，只要你有平淡、从容的心境，去面对、去迎接，那么那就是一种超拔的人生态度，是一种超脱的精神境界。

《周易·系辞上》：“乐天知命，故不忧。”当你怀着乐观、积极的心态，秉承着“知己为天所命，非虚生也”的信念，用豁达的心胸来面对人生中的每一次际遇，你就会发现人生并没有那么可怕，也没有什么过不去的坎，也没有什么放不下的。在人生的旅途中，做好自己，认真对待每一天，即使错了也不要去懊悔。我们每一个人都是普普通通的，并不是圣人，无论你愿不愿意，时光都会悄悄地带走一切，而你始终要前行。虽然身心疲惫，即使步履匆匆，也要乐观地向前看，虽然并不知道前面是不是自己的理想之地，但你却可以对自己说“无怨无悔”。人生路上，不要患得患失，也不要太计较自己的得与失，以一份平静的心情来迎接人生中的每一次挑战，这看似是生命的无奈，却更是生命最绚丽的精彩。

人生道路上有鲜花，有掌声，有多少人能等闲视之；人生路上也有坎坷泥泞，有满地荆棘，又有多少人能以平常心视之。我们要学会坦然相对，拿得起，放得下，既来之，则安之，这是一种超脱的心境。“荣辱不惊，闲看庭前花开花落；去留无意，漫随天外云卷云舒。”荣辱不惊，乐天知命，那就是一份安详自在。佛曰：“一花一世界，一草一天堂，一叶一如来，一砂一极乐，一方一净土，一笑一尘缘，一念一清静。”看淡了，痛苦就远离了，快乐就回来了。

第05章

自我欣赏，鼓励自己成为想做的那个人

“金无足赤，人无完人”，大概我们每个人都知道这个道理，但是在对自身和生活的要求上，我们却不能放平心态，并且随着社会竞争压力的增大，我们更是做不到放松心境，事实上，事物总是循着自身的规律发展，即便不够理想，它也不会因为人的主观意识而发生改变。不完美才是真实的，也才是美丽的，因此，生活中的每个人，都别苛求自己了，学会自我欣赏，努力去做自己想做的那个人，只有这样，快乐、幸福才会常伴我们左右。

瑕不掩瑜，真实的人生并不需要完美

阿法朗诗说：“我坚持我的不完美，它是我生命的真实本质。”每个人的一生中总会经历不同的坎坷或挫折，没有一个人可以保证他就是完美无缺的。上帝对于每个人来说都是公平的，他给予了你一样东西，肯定会拿走另一样东西，关键是你如何去看待生命里的缺憾。完美是一座无人能抵达的宝塔，人们总是倾其所有来追逐它，向往它，但是却永远难以到达。它只能作为一个追寻的目标，不可能把它当作一种现实的存在，否则你将会陷入自我矛盾中而无法自拔。生命的美丽在于真实，纵然有缺憾，却是无法复制的无与伦比的美丽。在很多时候，我们没有必要凡事都要求完美，美丽一定是伴随着遗憾，只要足够真切，生命一样会绽放出最灿烂的光辉。

对于完美主义，哈佛教授本·沙哈尔提出了自己的看法，每一个人应该学会接受自己，不要忽略自己所拥有的独特性，要摆脱“完美主义”，要“学会失败”。追求生命的完美，这本是一种积极的人生态度，但是过分地追求完美，则会导致产生消极的负面情绪。与其过分地追求完美而又难以到达，还不如享受当下真切的美丽。

对意大利前锋卢卡·托尼来说，自己既没有出众的技术，也没有惊人的速度，而自己却站在前锋的位置，这何尝不是一种致命的缺点。但是，托尼并没有放弃，逐渐修炼自己的“头球”功夫，成为了“头球机器”。生命对于托尼来说是有着不可弥补的缺憾，但是他却成为了意大利永远的旗帜，一个不可失去的出色前锋。瑕不掩瑜，真实的人生并非需要完美，缺憾未尝不是一种惊人的美丽。

赛德兹说：“你应庆幸自己是世上独一无二的，应该将自己的禀赋发挥出来。”无论是龅牙一样的缺点，还是难以弥补的缺憾，都一样是生命组成的重要部分，都在生命中占据着不可或缺的位置。如果我们总是寻找着完美的东西，寻找一份完美的工作，寻找一种完美的生活，然后，生命就在寻找过程中枯萎了，以至于到最后，它都没有来得及释放那真切的美丽。与其追求不能到达的完美境界，不如努力把握真实的美丽。

在现实生活中，“完美”的诞生就伴随着遗憾，因此追求完美是一个人正常的追求，却也是一个人最大的悲哀。人生贵在真实，瑕不掩瑜，即使有了缺憾，也无损人生真切的美丽。我们在很多时候，要善于接纳自己，无论是自己的优点还是缺点，我们都要以平常心看待。上帝是公平的，当他向你关闭了一扇窗，也许为你打开了另一扇窗，我们需要的只是尽情释放出生命最真实的美丽。

相信自己，然后做自己想做的人

研究那些所谓的成功者的成长经历，可以发现他们都对自我都有一种积极的认识和评价，从而产生一种相当的自信。这种自信是一种魔力，即使他们在认清了自己的现状之后，依然能够保持奋勇前进的斗志，而这也是他们必须依赖的精神动力。每个人都梦想过自己能成为什么样的人，也许是科学家，也许是医生或者律师，不过大多数人却宁愿梦想着，而不实践着，甚至希望能得到别人的救赎。事实上，做自己想做的人，其实很简单，只要相信自己，朝着梦想勇敢地奋进，那么我们就真的能够成为我们所希望的那个人。

有一天，著名的成功学家安东尼·罗宾接待了一位走投无路、风尘仆仆的流浪者。那人一进门就对安东尼说：“我来这儿，是想见见这本书的作者。”说着，他从口袋里掏出了一本《自信心》，这本书是安东尼多年以前写的。安东尼微笑着请流浪者坐下，那人激动地说：“是命运之神在昨天下午把这本书放入了我的口袋中，因为当时我已经决定要跳进密西根湖，了此残生，我已经看破了一切，我对这个世界已经绝望，所有的人都已经抛弃了我，包括万能的上帝。不过，当我看到了这本书，我的内心有了新的变化，我似乎看到了生活的希望，这本书陪伴我度过了昨天晚上，我下定决心，只要我能见到这本书的作者，他一定能帮助我重新振作起来，现在，我来了，我想知道你能帮助我什么呢？”安东尼打量着流浪者，发现他眼神茫然、满脸皱纹、神态紧张，他已经无可救药。但是，安东尼不忍心对他这样说。

安东尼思索了一会，说：“虽然我没有办法帮助你，但如果你愿意的话，我可以介绍你去见本大楼的一个人，他可以帮助你东山再起，重新赢回原本属于你的一切。”听了安东尼的话，流浪者跳了起来，他抓住安东尼的手，说道：“看在老天爷的份上，请你带我去见这个人！”安东尼带着他来到从事个性分析的心理实验室里，面对着一块看来像是挂在门口的窗帘布，安东尼将窗帘布拉开，露出一面高大的镜子，流浪者看到了自己，安东尼指着镜子说：“就是这个人，在这个世界上，只有你一个人能够使你东山再起，除非你坐下来，彻底认识这个人，当作你从前并不认识他。否则，你只能跳进密西根湖了，只要你有勇气来重新认识自己，你就能成为你想做的那个人。”流浪者仔细打量自己，低下头，开始哭泣起来。几天后，安东尼在街上碰到了那个人，他已经不再是一个流浪汉了，而是成为了西装革履的绅士。后来，那个人真的东山再起，成为了芝加哥的富翁。

很多时候，我们希望上帝能救赎自己，甚至把自己的处境归结为被所有人抛弃了，其实，没有人能够抛弃自己，除非你已经抛弃了自己。当生活遭遇了挫折与困难的时候，我们唯一能做的就是勇敢向前，一步一步向自己的梦想靠近，最后，真的会成为自己想做的那个人。

小时候，幼儿园老师总是有意无意地引导我们：“将来长大了想做什么样的人？”有时候，我们会认为自己天生就知道自己能做个什么样的人。但是，长大后，我们会发现，早已忘记了儿时的梦想，在成长过程里，由于缺乏了勇气，我们将梦想搁浅了。但是，一个人究竟想成为什么样的人，或者内心深处想做什么样的人，这种感觉是不会变的。在追逐梦想的过程中，我们应该勇敢向前，克服畏惧心理，努力成为自己想做的那个人。

“孤芳自赏”，欣赏自我

约翰·菲茨杰拉德·肯尼迪曾对家族成员说过这样一句幽默的话：“在我看来，我除了当总统，别的什么也干不了！”这似乎听起来有点“孤芳自赏”，但是正是这份难得的自我欣赏给予了肯尼迪无比的自信心。肯尼迪以自己的“孤芳自赏”赢得了美国第35任总统的位置，他极富个人魅力，年轻英俊，言谈举止风趣而有活力，即使在局势动乱的年头，他也给美国人民带来了极大的勇气和希望，美国民众称肯尼迪为“美国历史上最有魅力的总统”。大多数的时候，我们会不自觉地认为“孤芳自赏”是一个贬义词，似乎那些孤芳自赏的人总是与孤独、高傲、目中无人联系在一起。其实，我们都忽略了“孤芳自赏”中的积极心理，那就是懂得欣赏自我，事实上，“孤芳自赏”会帮助我们走向成功。

很多时候，我们对自我的评价往往会陷入他人的评论之中，诚然，对于他人的意见我们需要虚心接受。但是，任何一个人在对事物或人的评价中，总是不够全面。简单地说，每个人都有自己的价值判断标准，那些影响我们心理的评价并不一定就是中肯的意见，更多的时候，需要我们去欣赏自己，认可自己，虽然这有点“孤芳自赏”之嫌，但是，若没有“孤芳自赏”，哪来强烈的自信心呢?

孤芳自赏的人凡事以“我为首”，所有的事情都是自己做决定，他们有着极强的自尊感和权利感，渴望得到他人的注意和仰慕。在很多时候，他们会认为自己就是个传奇，同时他们是迷人的、智慧的。在通常情况下，他们都会固执己见地去做一件自己认为会成功的事情，通过事实证明，他们在很多时候都会成功。当然，并不是说所有“孤芳自赏”的人都会成功，但是，至少比起普通人来，“孤芳自赏”的人多了一份自信，他们坚信自己一定能成功，并为此作出不懈的努力。不管如何评价“孤芳自赏”的人，但我们需要相信一点：孤芳自赏也可以为内心加油。

给自己准确定位，然后展示自我价值

每一个人都具有世界上独一无二的价值，没有任何人、事、物能够取代我们，也没有任何人、事、物能够贬低我们，除非我们自己看轻自己、自己贬损自己。

人活着就应该善待自己，在低潮时给予自己鼓励。在人生的旅程中，我们无法避免诸多的挫折，但是不管那些无情的打击如何使我们痛苦、受伤，我们都不应该忘记自身的价值，更不应该认为自己一无是处或者妄自菲薄。

哲人说，我们的命运如同一颗麦粒，有着三种不同的道路。一颗麦粒可能被装进麻袋，堆在货架上，等着喂给家畜；也可能被磨成面粉，做成面包；还可能撒在土壤里，让它生长，直到金黄色的麦穗上结出成千上百颗麦粒。人和一颗麦粒唯一的不同在于：麦粒无法选择是变得腐烂、做成面包，还是种植生长。而我们有选择的自由，有行动的自由，更有心的自由。我们不该让生命腐烂，也不会让它在失败、绝望的岩石下磨碎，任人摆布。

歌德曾说过这样一句话：“一个人要想成功，首先要视自己比实际的自己更伟大才行。”人生漫漫征途，在前进的旅程中，我们每一个人都要找准自己的位置，在生活这片蓝天里，给自己准确定位，让自己驰骋在最适合的领地。对此哈佛告诉我们：人活于世，每个人都有自己的价值，都是独一无二的自己，切不可因为在某方面逊色于别人而失去自我。当然，每个人都希望自己能够翱翔于蓝天，驰骋于大地，但是在梦想开始放飞之前，我们需要清楚地认识自己，你是否具有翱翔的能力？你是否能够驰骋于大地？如果在没有了解自己的情况下就擅自定位，一旦梦想跌落，内心的失望是无法忽视的。另外，无法给自己准确定位，只会导致好高骛远或者内心自卑。每一个人都是特殊的个体，上帝赋予了我们独特的个性，只要我们走出盲目模仿别人的樊篱，找准自己的位置，人生将会变得丰富多彩。

大卫·奥格威曾当过推销员、做过农夫、当过外交官。他移居在美国，同时不断往来于欧洲大陆。年轻时的奥格威雄心勃勃，他有两个梦想：一是拥有一部劳斯莱斯汽车，一是获得爵士爵位。于是，每到黄昏的时候，他都会去英国国会下议院，坐在观众席里倾听别人讨论，他渴望自己有一天也会参加这里的讨论。但是，突然有一天，奥格威发现自己对这一切失去了兴趣，他对自己说："这里并不适合我。"然后，他就站了起来，以一种坦然而轻松的心情走出了下议院，解脱之后，他的内心却充满了焦虑：自己38岁了，还能够使生命辉煌吗？没过多久，奥格威创办了一家广告公司，经过多年的发展，他被誉为现代广告的“教皇”。

每个人都想成为高大的树木，渴望矗立在高处俯瞰这个世界，但是，生活的现实与残酷却让我们成为了一颗颗小草。与其他人相比，自己的生活显得那么不堪，于是许多人觉得自己没有价值，或许将在庸庸碌碌中度过一生。其实，小草也有它的价值，当所有高大的树木都已经枯亡时，那一片绿意盎然的小草却释放着最后的美丽。它们并不想成为高大的树木，它们深知自己的价值是什么，只想做它们自己，怀着这样一份希望，它们自然生机勃勃、春意盎然。如同小草一样，我们每一个人都有自己的价值，没有任何人或事能够取代我们，也没有任何人或事能够贬低我们，除非我们自己看轻了自己、自己贬低了自己。

1.善待自己，给自己自信

活着我们就要学会善待自己，在失意时鼓励自己，在得意时勉励自己。在漫漫人生旅途中，我们无法避免偶尔的挫折与困难，但是，不管我们将受到什么样的打击，即使我们正在经历着痛苦、难堪，我们都不应该忽视了自己的价值，不要妄自菲薄。以一份崇高的使命感，展现出自己的人生价值。

2.不要自卑，学会接纳自己

每个人都有属于自己的独特价值，我们应该接纳自己。而且，自身价值的大小并不在于他人的评价，而是在于我们给自己的定价。一个人的价值是绝对的，坚持自己，重视自己的价值，给自己成长的空间，每个人都会成为“无价之宝”，我们将告别平庸的人生。

自信，是一个人力量的源泉

林肯说：“每个人应该有这样的信心。人多能负的责任，我必能负；人所不能负的责任，我亦能负。”一个人力量的真正源泉，是一种暗中的、永不变更的对未来的信心，甚至不只是信心，而是一种确信。找到自信的支点，称其自信的支柱。如果你确信你是正确的，那么就坚持它，因为最终能为你证明的肯定是事实，而非权威、官员、学者等。

唐代文学家韩愈在初次应试时，曾名落孙山。但他毫不气馁，坚信自己文章的水平和自己的能力。在后来的应试中，面对相同的考题，他把上次写过的文章一字不易地再次写出呈上，竟金榜题名。周朝的姜尚在江边直钩垂钓，数十年痴心不改，信心十足，终被周文王重用。此外，敢于自比管仲、乐毅的诸葛亮等事迹，也成了千古传颂的佳话。

1.锲而不舍为成功而努力

大音乐家瓦格纳对自己的作品有信心，终于征服了世人。达尔文为研究物种的起源在一个英国小园中工作20年，有时成功，有时失败，但他锲而不舍，因为他自信已经找到线索，终于取得了划时代的科研成就。

2.没有自信，终将默默无闻

幼时父母双亡的19世纪英国诗人济慈，一生贫困，备受文艺批评家抨击，恋爱失败，身染痨病，26岁即去世。济慈一生虽然潦倒不堪，但却从来没有向困难屈服过。他在少年时代读到斯宾塞的《仙后》之后，就肯定自己也注定要成为诗人。一次他说："我想，我死后可以跻身于英国诗人之列。"济慈一生致力于这个最大的目标，并最终成为一位永垂不朽的诗人。相信自己能够成功，成功的可能性就会大为增加。如果自己心里认定会失败，就很难获得成功。没有自信，没有目标，你就只会俯仰由人，终将默默无闻。

第06章

坚信自己，信念是人生路上披荆斩棘的力量

古往今来，许多人之所以失败，究其原因，不是因为无能，而是因为不自信。自信是一种力量，更是一种动力。当你不自信的时候，你难于做好事情；当你什么也不做不好时，你就更加不自信，这是一种恶性循环。若想从这种恶性循环中解脱出来，就得与失败作斗争，就得树立牢固的自信心。世界上最伟大的人，通常也是失败次数最多的人。面对各种不利，只要有一点点成功的可能，就要永不放弃。因此任何一个年轻人，都应该谨记，成功的信念和积极的心态比什么都重要。只有这样，你才能在困难中坚持，在坚持中成功。

没有信念，人生将会暗淡无光

信念是一座射出明亮光芒的灯塔，在漆黑的路上，为心灵指引了前进的方向。信念，决定着一个人的成败，左右一个人的命运。在充满着诱惑的世界里，我们常常会迷失前进的方向；在挫折与困难面前，我们也许会失去重新站起来的勇气。然而，一旦心中有了信念，就可以使我们找到心灵的方向，从逆境中奋起，从失败中走向成功，从失望中看到希望。一个人的心灵有了信念的护航，他就会为了理想而坚持到人生的最后一刻。印度领袖甘地先后12次被捕—9次坐牢，但是，他一直以信念为心灵导航，直到生命的最后一刻，他依然在为印度人民争取自由和幸福。

上帝可以辜负生命，但绝不会辜负生命的信念，永存生命的信念，我们的生命就会开花结果。人生就是那奔腾不息的河流，而信念就是源头，一旦源头枯竭，河流就会干涸，信念消失，人生也将暗淡无光。信念，是强烈的探索之光，照亮了心灵之旅，即使凶险的环境在阴影中潜行，但却能让我们毫不畏惧地走向成功。在漆黑的路上，就让信念来为心灵保驾护航吧！

哈佛教授对学生说：你们都知道哥伦布发现了新大陆，但是你们也许没有听说过哥伦布在旅途中的故事。

在15世纪中叶的一个夏天，航海家哥伦布从海地岛海域向西班牙胜利返航。然而，航船刚刚离开海地岛，天气就突然变得十分恶劣，乌云布满了天空，还伴随着电闪雷鸣，一场巨大的风暴向海上船队扑来。哥伦布意识到这是自己航海以来遇到的最大的一次风暴，就在他思考之间，船队里已经有几艘船被海浪打翻了。船长沉重地告诉哥伦布："我们将永远不能踏上陆地了。"哥伦布感觉就要船毁人亡了，于是他对船长说："我们可以消失，但资料一定要留给人类。"哥伦布当即钻进了船舱，迅速将最珍贵的资料缩写在几页纸上，并将纸卷好塞进一个玻璃瓶里加以密封，然后将玻璃瓶抛进了茫茫大海里。对此，哥伦布自信而肯定地说："有一天，这些资料一定会漂到西班牙的海滩上。"船长却否定了哥伦布的想法，他说："绝不可能，它可能会葬身鱼腹，也可能被海浪击碎，或许会深埋海底。"但哥伦布自信地说："或许一年两年，也许几个世纪，但它一定会漂到西班牙去，这是我的信念，上帝绝不会辜负生命坚持的信念。”

没过多久，哥伦布和他的大部分船只在这场巨大的风暴里死里逃生，回到西班牙，哥伦布派人去寻找那个漂流瓶，但是，直到哥伦布离开这个世界，那个漂流瓶也没有找到。然而，3个世纪过去了，大海终于将那个漂流瓶冲到了西班牙的比斯开湾，而正是哥伦布心中坚定的信念，为漂流瓶照亮了前进的路，创造了奇迹。

信念是奇迹的萌发点，心中有了信念，心灵就有了方向，一切都是有可能的。那些大凡有成就的人，在他们的人生中总是出现一个又一个的奇迹，当然，他们并不是天生的成功者，而是坚定地走向了信念所指引的方向。所以，信念是心灵的护航者，是胜利的基石。信念，它是一缕永不暗淡的阳光，给心灵以丰富的给养，有了信念，我们就可以穿越阴霾，驱散迷茫，挣脱命运的束缚，自由地飞翔。

人生需要信念，坚定的信念，即使道路荆棘满地，充满了无尽的坎坷，但是只要我们心中怀着坚定的信念，就会看到希望，看到生命的曙光。信念对一个人来说至关重要，信念越坚定，成功就离你越近。信念是心灵的护航者，一旦心灵没有了舵手，就会在人生海洋中迷失方向，有可能在暗礁险滩中丧生，还有可能被惊涛骇浪所吞噬。一个人没有了信念，就很容易在前进的方向中迷失自我，生活不再有生气，生命变得不再有意义。

永不放弃，用信念点亮希望的光

当生活没有了信念，人生就没有目标，即使每天活在这个世界上，也不过是没有灵魂的躯壳。心中没有了信念，生活就没有了希望，一个人不怕卑微，不怕艰苦，就怕失去了生活的希望。坚定一个信念，点亮希望之光，照亮前方的路，我们就会从卑微、苦难中站起来，拥抱明天，拥抱阳光。人只要心怀梦想，不顾一切，竭尽全力地活着，生活就会有我们想要的幸福。也许，在现实生活中，我们都是微不足道的小人物，甚至已经到了山穷水尽的时候，但是想想心中的信念，永不放弃，用信念点亮希望的光，朝着前方的路勇敢前进，有一天我们会发现成功几乎是触手可及。

在这个世界上，信念是任何人都可以免费获得的，那些但凡有成就的人，最初都是从坚守一个小小的信念开始的。只要心中有了信念，生活就有了希望，人生之旅就有了正确的方向，我们离成功就不远了。信念是人性中最坚强的东西，缺少了它们，我们很难经得起任何打击。从一个小小的信念开始，一旦拥有了信念，我们就有了继续奋斗的动力，就有了继续生活的希望，我们就会产生无穷的力量。我们想拥有一个什么样的人生，在于我们持有一个怎样的信念，对于我们来说，最重要的就是心怀信念，努力向前行。

在2011年，我们记住了这样几个人：西单女孩、旭日阳刚。在他们的身上，我们看不到绝望与沮丧，有的是那颗充满希望的心。即使屡屡遭遇生活的挫败、辛酸，但是，他们一直怀着必胜的信念，追逐着梦想，心中的信念点亮了追梦的旅程，他们看到了前方的灯塔，沿着希望一路走来，虽然有过无奈与沮丧，但在成功的那一刻，什么都已经逝去，有的就是鲜花与掌声。

生活中，很多时候我们没有办法预见明天会发生什么，所以我们就不能够坚持不懈地走下去，因为前方的路不明，我们的目标不清楚，以至于茫然失措。但是有了信念就有希望，当信念的灯塔照亮了前方的路，我们就找到了那条路，找到了目标，这样我们才有可能获得成功。无论是做什么事情，只要心中有了必胜的信念，那心中就有了清晰的目标，然后选择自己坚持的方式，一定会完成自己的成功之旅。也许我们永远可能在路上不停地向前走，但只要不放弃心中的信念，我们就有了生活的希望。有信念就有希望，坚持不懈，成功就在前方。

信念也需要不断调整，才能与自己更合拍

有人说："人生不过是一个字，那就是——'度'。"任何事情不能太满、不能太缺，凡事有度，方能进退自如。信念与欲望一样，都需要适时地修葺，这样才能与自己合拍，而我们才有可能达到自己的目标。若太满，终难如愿，只会身陷犹豫矛盾之中；若太缺，只会败在挫折与困难面前，很难坚定地走下去。信念，与自己越合拍，就更容易获得成功。哈佛告诉我们：坚定的信念不是从来就有的，信念总是徘徊于动摇与坚持之中，总是彷徨于前进与退缩之中。信念的建立与失去，以及种种无力与无奈，主要在于自己，因为最终去完成这个信念的还是自己。任何人都不可能将自己的信念加在别人身上，它

就像鞋子一样，需要最合适的那一双。在人的一生中，可能有稳固的信念，也有可能有两个信念，但是，只要坚持其中一个信念，人生就有可能获得成功。一旦信念并不适合自己，我们就需要做适当的修葺，让它与自己更加合拍。

信念的力量是强大的，但是当我们失去了信念所缺少的东西时，我们应该学会修葺自己的信念，将未能完成的目标埋在心里，重新建立新的信念，让它与自己更加合拍。

人生需要信念，有了信念，才可以拨开云雾，见到光明与希望；有了信念，才可以使自己可以乘风破浪，驶向成功的彼岸。但是人生如歌，信念如调，只有最适合自己的旋律才能谱出真正的歌，不合拍的信念往往会迷失自我。所以，学会修葺信念，让它与自己更合拍。

坚守目标，真正内心淡定的人才是最后的赢家

人生在世，要有一番成就，就必须要努力，就必须专注。我们发现，那些攀岩成功的人都有个共同特征，那就是他们不会三心二意，也不会向下看，他们会一直努力地攀登。这样，

尽管脚下是万丈悬崖，他们也不会害怕。可见，如果我们希望成就一番事业，就必须做到内心淡定，始终朝着目标前进。很多成功者在种种经历后，回望身后的辛酸血泪之路，都会发现，真正内心淡定的人才是最后的赢家。

事实上，除了捕蝉外，其他任何事又何尝不是如此呢？无论做什么事，最要不得的就是三心二意。戴尔·卡耐基曾经根据很多年轻失败的经验得出一个结论：“一些年轻人失败的一个根本原因，就是精力分散，做不到专注”。托马斯·爱迪生曾说过：“成功中天分所占的比例不过只有1%，剩下的99%都是勤奋和汗水。”这句话告诉我们做事需要专注，不腻烦、不焦躁、一门心思才能取得好的效果。

的确，成功者之所以成功，就是因为他们懂得做事要专注的道理。在专注的过程中，他们经过了沮丧和危险的磨练，并造就了他们天才的大脑。在不断努力并获得成果的过程中，他们产生了活力和不屈不挠的奋斗意志。因此，意志力可以定义为一个人性格特征中的核心力量，概而言之，意志力就是人本身。它是人的行动的驱动器，是各种努力的灵魂。做事的过程中，我们也要运用意志力的力量，做到这一点，你也能获得卓越的才能。

的确，人生就像马拉松赛跑一样，只有坚持到终点的人才有可能成为真正的胜利者。著名航海家哥伦布在他的航海日记上最后总是写着这样一句话“我们继续前进”，这话看似平凡，但也告诉了所有正在为目标奋斗的人们一个道理，达成目标需要无比的信心和意志力。在这个过程中，你只有坚守内心的目标，付出艰辛的劳动，你才会实现蜕变、获得成功。

满怀必胜的信念，然后为此付出执着的努力

只要你有信心，那么，一切奇迹皆有可能。是的，信心能够创造奇迹，而且是这个世界上唯一能够创造奇迹的。可想而知，如果你没有信心，那么成功必将离你远去，使你沉沦于失败的困境中。在生活中，很多看似不可能的事情之所以最终得以实现，恰恰是信心创造的奇迹。信心与成功之间的关系似乎很微妙，我们总是说不要好高骛远，不要眼高手低。而实际上，信心与这些截然不同。假如说好高骛远是空想，眼高手低是不付诸实际，那么信心则是对一件事情满怀必胜的信念，并且为此而付出执着的努力。只有这样，你才能获得成功。那

么，你做到了吗？你成功了吗？

当然，在这个世界上，并非每个人都能成为通用的董事长，毕竟，这种巨大的成功并非谁都能获得的。不过，幸运的是，成功的定义有很多，并非只取决于一个标准。如果你是一名学生，也许，熟练地记住100个单词就是你的成功；如果你是一名营业员，也许，在一天的时间内销售出去一定数量的商品就是成功；如果你是一名科学家，也许，研究出一种能够造福人类的科技产品就是成功；如果你是一名环保专家，也许，使人们更加热爱环境、珍惜环境就是成功……总而言之，成功的定义有千千万万，只要你能够获得自己的成功就足够了。

毋庸置疑，要想获得成功，不管是在哪个领域，你首先都应该充满信心。试想，如果一个人在刚刚开始的时候就怀疑自己、否定自己，那么，他还能获得成功吗？当然不能。没有一个人愿意相信一个没有信心的人，也就必然没有人愿意帮助一个没有信心的人。只有你相信自己，充满自信，别人才会相信你，慷慨地帮助你，辅佐你，使你最终获得你想要得到的成功。

罗杰·史密斯1949年进入通用公司，1981年才得以升任通用公司的董事长。他之所以能够取得成功，完全是因为他在这整整31年的时间里始终坚定不移地相信自己一定能够成为通用公司的董事长，正是在这种信念的支撑下，他才能够几十年如一日地努力，从未放弃。可以想象，他在这31年里肯定曾经遇到了很多困难，但是因为信心，他战胜了一切困难和阻碍，最终实现了自己的梦想。从罗杰·史密斯的身上，我们不难得到一些启示：

（1）一定要为自己树立一个远大的目标，并且有计划地向着自己的目标奋进。

（2）一定要对自己有信心，只有坚定的信心，才能帮助你坚定不移地向着自己的目标前行。

（3）即使遇到困难，也不要放弃，让信心成为你的支柱，支撑着你渡过重重难关，最终抵达胜利的彼岸。

（4）只要你坚定信心，成功就一定会来到你的身边。

第 07 章

不惧困境，只要向前就不会有人永远待在谷底

人生在世，谁都希望自己生活得幸福、快乐，而一个人生活的快乐与否，完全取决于个人对人、事、物的看法如何。任何一个人，面对人生的烦恼与挫折，最重要的是摆正自己的心态，拥有坚定的信念，相信你会做到，如果你懂得在生活中调解自己的心态，那么，你就能拥有一个充满阳光的心态，你就拥有了挑战未来人生的最重要的砝码。

身处逆境，也要坚定地走下去

当我们总是眼高手低的时候，最后的结果将是一无所获。蘑菇生长在阴暗角落，由于得不到阳光又没有肥料，常常面临着自生自灭的状况，只有当它们长到足够高、足够壮的时候，才被人们所关注，而事实上，这时它们已经能够独自接受阳光雨露了。这就是心理学上著名的蘑菇定律，最初蘑菇定律是由一批年轻电脑程序员总结出来的，通过蘑菇的生长历程，他们联想到了人所必须经历的历程。我们刚开始进入社会的时候，像蘑菇一样不受重视，只能替人打杂跑腿，接受无端的批评、指责，得不到提携，处于自生自灭的过程中。由于蘑菇生长必须经历这样的一个过程，而同样的道理，我们每一个人的成长也需要这样一个过程。

1832年，毕业于哈佛大学的亚伯拉罕·林肯失业了，这令他感到很难过，他下定决心要成为政治家，去当一名州议员。

但是，糟糕的是，他在竞选中失败了，在短短的一年里，林肯遭受了两次打击，对他而言无疑是巨大的。接着，林肯开始自己创业，当即开办了一家企业，可是还不到一年，这家企业就倒闭了，在这之后的17年里，林肯都在为偿还企业欠下的债务而奔波劳累。不久之后，林肯又一次参加竞选州议员，这次他成功了，在林肯内心深处有了一线希望，他认为自己的生活有了转机，心想："可能我可以成功了。"

然而，人生的逆境好像永远没有结束的那一天。1835年，亚伯拉罕·林肯与漂亮的未婚妻订婚了，但离结婚的日子还差几个月的时候，未婚妻却不幸去世，林肯心力交瘁，几个月卧床不起，没过多久，他就患上了精神衰弱症。1838年，林肯觉得自己身体好了些，他决定竞选州议会议长，但是，在这次竞选中他又失败了。再接再厉的精神鼓舞着林肯，1843年，林肯参加竞选美国国会议员，这次他所面临的依旧是失败。但是，林肯却一直没有放弃，他并没有说："要是失败会怎样？"1846年，林肯参加竞选国会议员，这次他终于当选了，但两年任期过去，林肯面临着又一次落选。不过，林肯并没有服输，1854年，他竞选参议员，但失败了，两年之后他竞选美国副总统提名，但是却被对手打败，两年之后他再一次参加竞选，但还是失败了。无数的失败并没有让林肯放弃自己的追求，1860年，亚伯拉罕·林肯当选为美国总统。

当我们不幸被看成“蘑菇”的时候，如果只是一味地强调自己是“灵芝”并没有任何作用，对于我们而言，利用环境尽快成长才是最重要的。当自己真的从“蘑菇堆”里脱颖而出的时候，我们的价值就会被人们所认可。虽然，蘑菇的成长经历给我们带来了压力和痛苦，但是，这些难忘的经历却有可能让我们赢得成功。哈佛大学的荣誉博士J·K·罗琳就是最典型的例子，她是一位中年女性，在事业最黯淡的时候，她开始拿笔写作，于是，她写出了享誉世界的《哈里·波特》。

人生中总是有着种种的不如意，但是，一个意志坚强的人能够将逆境变为顺境，在挫折中寻找转机，他们在逆境中坚定地走了下去，最后获得了成功。相反，有的人缺少生活的历练，一旦遭遇挫折或身陷逆境，一次输给了自己，就意味着永远输给了自己。每个人都渴望生活如鱼得水，都希望事业获得成功，但是，上帝不会把这些白白赠予你，只有不畏惧蘑菇的经历，那么成功一定是属于你的。对此，蘑菇的经历是成功必须经历的一步，只有那些能够忍受一切的人才能得到阳光普照的机会。

困境中积极面对，学会在困难中发掘机遇

哈佛学子爱默生曾说：“困难，是动摇者和懦夫掉队回头的便桥，但也是勇敢者前进的踏脚石。”当困难来临，事实已经无法改变，这时候最重要的是以积极的心态面对，忍耐困难，学会在困难中发掘机遇。罗斯福在参选总统之前被诊断出患了“腿部麻痹症”，医生对他说：“你可能会丧失行走的能力。”罗斯福并没有被吓倒，反而微笑着说：“我还要走路，而且我还要走进白宫。”机遇永远留给那些有准备的人，他不但走进了白宫，而且成为了美国历史上唯一一位连任四届的总统。有时候，我们总是羡慕那些机遇好的人，但是别人的机遇难道全部是运气带来的吗？恐怕并不是这样，有多少困难，有多大的忍耐力，就会收获多少丰硕的果实。

有一天，一头驴不小心掉进了一口枯井里，农夫绞尽脑汁想办法救出它。但是，几个小时过去了，那头驴还在枯井里痛苦地哀嚎着。最后，农夫决定放弃，心想，这头驴反正年纪也大了，不值得大费周章去把它救出来。但是，无论如何，要将这口枯井填起来，以免其他动物掉进去。于是，农夫请来了左邻右舍，大家一起帮忙将枯井填满，同时，也好免去驴的痛

苦。农夫和邻居们手拿铲子，开始将泥土铲进枯井中，当那头驴了解到自己的处境时，眼里满是绝望，忍不住流下眼泪，并不断在枯井里发出痛苦的嘶叫声。但是，意料之外的是，没过多久，这头驴就安静了下来，农夫好奇地探头往井底一看，出现在他眼前的景象却令他大吃一惊：当铲进枯井里的泥土落在驴身上的时候，它将泥土抖落在一旁，然后站到铲进的泥土堆上面。那头驴将大家铲进倒在身上的泥土全部抖落在井底，然后再站上去，很快，那头驴便出现在人们的眼前，大家都惊讶地捂住自己的嘴巴。

扭转困难往往隐藏在我们没有注意的地方，假如我们能发现它、抓住它、利用它，那么，我们将有机会摆脱困境，获得成功。面对困难，智者眼里往往意味着这将是一个潜在的机遇，而愚者却对此无动于衷。成功的人士从来不怕困难，面对困难，他们就像猎豹一般默默潜伏时刻准备着，伺机等待机遇重拾成功。人生就是这样，越是在困难的时候，才越是抓住给予促进发展的绝佳时机，因为困难与机遇本是同在的。

格哈德·施罗德出生在一个工人家庭，小时候，父亲在远征苏联的战争中牺牲，施罗德兄妹五人与母亲相依为命。有一段时间里，他们住在一个临时搭建的收容所里，尽管母亲每天工作长达14个小时，但仍然不能满足家里的开支。年仅6岁的施罗德总是安慰母亲："别着急，妈妈，总有一天我会开着奔驰来接你的。"

逐渐长大的施罗德进了一家瓷器店当学徒，后来又在一家零售店当学徒，在1963年施罗德加入了民主党。在之后的10年里，他读完了夜校和中学，后来到格丁根通过上夜大来攻读法律。大学毕业后，他获得了律师资格，成为了一名律师。不久之后，他当选为社民党格廷根地区青年社会主义者联合会主席。在以后的日子里，施罗德一直活跃于德国政坛，46岁那年，施罗德再次竞选成功，成为萨克森州州长，就是在这一年，施罗德实现了儿时的愿望，开着银灰色奔驰轿车将母亲接走了。也许是儿时的苦难记忆，施罗德在人生的道路上丝毫不敢懈怠，8年之后，施罗德一举击败连续执政16年之久的科尔，当选为德国新总理。

童年时期的施罗德曾在杂货铺里当学徒，那时他常说的一句话是："我一定要从这里走出去！"他成功了，而且，比自己想象中走得更远。即使，在成功的路上伴随着困难，但是，施罗德从来没有把困难当成一回事，儿时的记忆让他明白：自己必须牢牢抓住隐藏在困难中的机遇，不断地向前行。

有人曾说："要么你去驾驭生命，要么是生命驾驭你，你的心态决定谁是坐骑，谁是骑师。"有一位农夫，由于勤劳发奋，善于经营，没过几年他就成了远近闻名的养牛专业户。但是，突如其来的一场大火导致了整个牛棚葬身火海，农夫一下子陷入了困境，悲痛之余他并没有放弃，他到处筹集资金买了两头奶牛，不断地繁衍，仅仅用了几年的时间，他的奶业公司又发展了起来。孟子说："天将降大任于斯人也，必先苦其心志，劳其筋骨，饿其体肤，空乏其身，行拂乱其所为，所以动心忍性，曾益其所不能。"风雨之后，必是一道美丽的彩虹。

席勒曾说："任何一个苦难与问题的背后，都有一个更大的祝福。"其实，伴随着困难的除了祝福，还隐藏着无限的机遇。在我们的人生道路上，会遇到许多困难，如果缺乏自信，会使畏惧之心蔓延开来，不仅抓不住机遇，反而会被困难吞噬。生活是一道选择题，当你选择了忍耐，机遇就有可能会降临；但是，当你选择了放弃，机遇将永远放弃了你。没有经过困难的磨练，就不会有未来的璀璨与辉煌。在通往成功的路上，有荆棘，有鲜花。荆棘代表着困难，鲜花预示着机遇，只要你踏过了荆棘地，就会达到美丽的玫瑰园。

真正的强者绝不会被挫折和逆境打倒

人们常说，“失败是成功之母。”甚至连孩子都对这句话都烂熟于心。虽然大家都知道这句话的含义，但是却很少有人能够使自己的行动和言语保持一致。当你的工作上频频亮“红灯”的时候，当你在生活中遭遇意料之外的困难的时候，你的心中是否非常沮丧？你是否能意识到失败之中孕育着成功呢？对于这个问题，想必每个人给出的答案都是不一样的。其实，在这个世界上，大多数人的一生都伴随着无数个失败，面对失败，有的人能够鼓起勇气重新来过，所以他们成功了，而有的人却只知道悲观绝望，这就注定了他们的一生必然碌碌无为。纵观那些“发明家”“文学巨人”的成功史，我们可以发现，大多数功成名就的伟人，都有着坎坷挫折的人生，而他们之所以能够最终获得成功，正是因为他们从不放弃，更不会自暴自弃。他们能够正确地对待失败，从失败中吸取经验和教训，从而一脚踢开失败的绊脚石，踏上成功的康庄大道。例如，伟大的发明家爱迪生在一生之中有很多项发明，也同时经历了无数次失败，他的每一项发明成果都是建立在失败的基础之上的。即使是那些举世瞩目的诺贝尔文学奖的获得者，也曾经有着失败的经历，他们的成功，完全得益于他们在失败之中的坚持。

在上述列举的这些诺贝尔文学奖的获得者，假如他们在失败之后一蹶不振，再也不勤于笔耕，那么他们必将与诺贝尔文学奖无缘，甚至还会脱离文学创作的道路。值得庆幸的是，他们没有，即使面对失败，他们依然能够坚持在文学创作的道路上走下去，最终获得了巨大的成功。虽然我们不能像他们一样获得诺贝尔文学奖，但是，作为普通人的我们，还是有很多平凡的事情可以坚持的。例如在工作中遭遇挫折的时候，我们应该坚持再坚持。哪怕遭遇一时的误解，或者付出得不到认可，或者努力没有获得成功，我们也应该激励自己，继续为之努力。在生活中，那些自暴自弃、悲观绝望的人总是为自己的命运自哀自叹，其实他们的失败并非源于命运的不公，而是因为他们战胜困难和挫折的勇气。要知道，挫折只能击退弱者，真正的强者是不会被挫折吓倒的。

（1）失败是成功之母，也许，下一次失败之后就是成功。

（2）遭遇挫折不是自暴自弃的借口，真正的强者是不会被挫折吓倒的。

（3）这个世界上没有一帆风顺的人生，我们要学会调整心态，坦然面对人生的坎坷和挫折。

（4）不经历风雨，怎能见彩虹。坚持到底就是胜利！

低调平和是一种人生的基调

古人云，福兮祸之所之，祸兮福之所倚。人生不但有顺境，也会面临逆境，更多的时候还会遭遇坎坷挫折，从而导致人生路上崎岖不平。对于人生而言，低调是一种意境，所谓低调并非仅仅指我们不能张扬，也指的是我们面对生活困境的态度。诸如有人在看到玫瑰花的时候，看到的是玫瑰的绽放，而有的人在看到玫瑰花的时候，只看到玫瑰花的刺。同样一朵玫瑰花在不同的人眼中都是不同的风景，更何况是艰难坎坷呢！因而这个世界上有些人能够战胜坎坷挫折，从而赢得人生的成功；有些人则在挫折面前退缩下来，导致彻底地失败。从这个角度而言，低调平和是一种心态，是面对人生的态度，也是人生的基调。

没有任何苦难会始终存在。对于我们而言，只要我们坚持不懈，持之以恒，我们终究战胜苦难，赢得人生。绝望的人生如同雷雨之前的阴霾，压得低低的沉沉的。充满希望的人生、迎难而上的人生，则如同战斗的号角已经吹响，始终能够勇往直前，充满希望。所以，我们必须用积极向上的心态面对人生，这样才能吓退生命的阴霾，让我们的人生洒满阳光和希望。

常言道，人生不如意十之八九。每个人都会遭遇人生的挫折和黑暗，也会得到人生的平顺和光明。然而，只要我们的心永不屈服，我们就不会被困难和挫折降服，而是能够在磨砺中锻炼自己的意志，从而变得更加认真细心，精神抖擞。

有一次，拿破仑带领军队与敌人展开战斗，结果遭到敌人的负隅顽抗，导致节节溃败，全体将士都狼狈不堪，心中难免变得越来越沮丧绝望。然而，拿破仑对此完全不以为意，他一心想着要战胜敌人，为此，他不顾一切地大吼一声“冲啊”，就以此为号角，激起了全体将士的士气，使将士们一鼓作气，奋不顾身，最终扭转局势，反败为赢。

没有挫折的人生，必然是空虚乏味的人生，也是缺乏含金量的人生。人生之所以充实，变得与众不同，就是因为能够从挫折中崛起，从而也对人生有了更加深刻的体验。

不断累积失败的经验，让失败成为一笔财富

爱默生曾说："每一种挫折或不利的突变，是带着同样或较大的有利的种子。"失败只是一个糟糕的结果吗？当然不是，大部分人看到的失败只是最后的结果，却没有看到在失败过程中所积累的经验与教训，换而言之，失败的背后往往藏匿着一些宝贵的经验。当然，对于能够及时从失败中学得东西的人而言，失败确实是不可或缺的财富。大部分人在遭遇失败后一蹶不振，主要原因在于他们的负面情绪已经掩盖了失败的价值，所以像无头苍蝇一样乱窜，最后只能继续失败。面对失败，我们需要做的并不是自甘堕落，自暴自弃，而是不断积累失败的经验，让失败成为一笔财富。

杰出的音乐家贝多芬在与外界声音隔绝之后，坚持音乐创作并获得了巨大的成功；只受过三年正规教育，被老师认定是

一个智力迟钝的学生——爱迪生，在经过不懈的努力之后，却成为了最伟大的发明家之一。哈佛告诉我们：失败并不可怕，只要你在失败中不断地积累经验，终究能将失败变成财富。其实，遭受失败并不可怕，关键是用积极的心态来面对。只要我们能改变心态，把每一次的失败都当作考验自己的机会，把它当作超越自己的一次机遇，那么，我们就不会沉浸在痛苦里，甚至感谢失败让我们看清了真相，获得了经验。失败会让人变得成熟，它是人生的一笔宝贵财富。

1.逆境使人奋进，苦尽才能甘来

逆境总使人奋进，只有经历了逆境，才能迎来彩虹。人生路漫漫，成功并没有固定的模式，追求也没有尽头。路途中短暂的鲜花和掌声会帮助我们赢得更多的信心，但也会让我们满意于此，内心的斗志会消减。失败后，哪怕痛心也会重新站立起来，这样的经历会让人更加坚定追求到底，鼓足勇气，重新追回属于自己的东西。

2.失败是成功的前奏

失败是成功的前奏，失败是一笔财富。失败能够使人不断地反省自己，在逆境中奋进，在低谷中抓住机遇，不断冒险与尝试，最后采摘成功的果实。日本著名实业家原安三朗曾说：

“年轻时赚一百万的经验，并不能称为将来赚十亿元的经验，但损失一百万的经验，倒可以培养赚十亿元的经验，逆境是锻炼人才最好的机会。”

一个不能认识和接受失败的人，也无法看清楚成功的本质，从失败的教训中学到的东西，往往比成功中学到的还要深刻。成功，总是在经历多次失败之后才姗姗来迟。正确面对失败，才是走向成功的重要素质和能力。

第08章

放下压力和负担，让快乐常伴身边

我们知道，人都是群居动物，我们每个人每天都要为生计奔波，都要面临繁重的工作压力，我们常常需要周旋于各种应酬场合中，立身于尘世中太久，你是否经常有种孤独、寂寞、窒息的感觉？你是否觉得压力大？你是否不知道自己要的到底是什么样的生活？你的心是否曾经被一些自私自利的狭隘思想笼罩过？你是否已经变得人云亦云？如果有，那么你应该停下脚步，给自己一段独立思考的时间，适当调整工作、学习与休息的时间，经常散散心，放松绷紧的神经，清除内心的情绪垃圾，释放无形的压力，才能重新起航！

卸下压力，快乐常伴左右

人生就像是负重前行，随着路程越来越远，我们所承受的压力就越来越大，身上的担子也就越来越重。另外，如果我们心中欲求越多，我们所承受的东西也将越来越沉重。就像一个背负重物的人，在行走的路途中，这个他也喜欢，那个他也舍不得放弃，最终，包袱越来越沉重，压得他弯下了腰，但是，他依然舍不得丢掉任何一样东西，拖着艰难的脚步，一步一步向前挪动。有时候，我们得到的东西越来越多，但是，我们所感兴趣的东西却越来越少，那种来自心灵间的快乐也丢失了，可是，人生依然是那么沉重、烦闷。

可能我们都听过这样一句话：远路无轻物？当然，并不是每一个人都有挑担的经历，但是，如果自己将要负重前行，出发的时候往往很轻松，但越行越远的时候，自己就感到举步维艰，甚至会不自觉地抱怨为什么会选了那么多的东西。但是，望着前方的路，依然不舍得放弃，只能挑着担子往前走。以至于我们到达了终点，再打开自己的担子，发现里面有很多东西都不是我们所需要的。或许，对每一个即将远行的人来说，能够收获一份简单的快乐才是最重要的吧。

1.生命不必如此沉重

每个人都背负着一些包袱，有的沉重，有的轻盈。尽管这些东西对我们而言都是重要的，但是在前进的路程上，我们需要敢于放下，否则它就会变成我们的包袱。痛苦、孤独、寂寞、灾难、眼泪，这些经历可以使我们人生得到升华，但如果一直放不下，那就成为了人生的包袱。

2.你所放下的与获得的将成正比

对于每一个人来说，放下与得到是相得益彰的，当你得到的东西越多，却失去了轻松的快乐；相反，当你鼓起勇气放下了某种东西，我们就有可能收获最甜的快乐。

一个人只有敢于去舍弃一些东西，才能够放下心中的怨气、烦恼，也才能够轻松地争取一些东西。如果他什么都不肯舍弃，那么他也没有多余的时间和精力去追求新的获得，不仅得不到快乐，反而会在郁郁中度过余生。

压力过大时，请及时找到疏解的方法

在闲暇时走进公园，在观赏美景的同时，放松一下身心，体会美好的生活。走近喷水池，看着高高喷射出银花，我们不假思索地就会明白这是压力的作用。

生活中的压力处处存在，有压力才会有动力，有动力才会让生活有了质感。话虽如此，但人们面对来自各方的压力却让心灵时常找不到自己，看不清方向。只能在尘世的无奈中任岁月滑去、在心间眉宇间蒙上了一层霜。

即使你可以逃避，但也只是一时，问题仍然会在一下刻侵扰你的内心。压力给人以苦恼，因此有又太多的人一直在寻求解秘，让心在失衡的现代社会中找到属于自己的天堂与乐园。但是各种困扰却会层出不穷地出现在我们的人生里，它似乎变化着花样悄悄来到我们的身旁，伴着岁月与我们一起成长。如果你能驾驭它，就能成为它的主人；如果你任由它肆意增长，它会成为你人生的一大主题，让你的悲情生活一遍遍地上演。这或许就是生活的乐趣。

在一次煤窑施工中，发生了瓦斯爆炸，煤窑严重坍塌，唯一的出口被厚实的泥土严严地堵死，在矿井中作业的五位矿工深困其内。幸运的是，矿井里刚好有足够的食物和水源，这给被困矿工赢得了极大生机。他们找到各自的位置，安静地坐下，等待着窑外的人们来救援。

时间在死寂的黑暗中震颤着。一天、两天……一个星期过去了，他们支着耳朵，却始终没有听到渴望已久的声音。有人开始烦躁，有人发出凄厉的尖叫。大家都已无法承受恶劣环境带来的巨大精神压力，每个人都快要崩溃了。

突然，他们听到"啪"地一声。黑暗中有人吼叫起来，"谁，他妈的谁打我？"一个黑影朝四个伙伴咆哮着，四个伙伴都开始辩解。可黑影就是纠缠着他们不放，审犯人似的一个个详细审问，甚至问得有些不着边际。为了免受冤枉，四位工友还是认认真真地回答。直至个个哈欠天，声称被打的黑影这才闭了嘴，没趣地倒在一旁呼呼大睡。过了许久，大家都睡醒了，又听到"啪"地一声脆响，这次挨打的是另一位工友，只见他捂着脸，怒不可遏地嚎叫起来，径直扑向第一位挨打的黑影。双方都不示弱，幸好其余三位工友眼疾手快，死死把双方抱住，两人才住手。为此，大家你一言我一语地理论起来。

类似的情况在每位矿工身上都发生过，其中一位脾气很好的矿工连续挨了三个耳光，最后忍无可忍，勃然大怒。就在他们整天为耳光的事纠缠不清的时刻，头顶一丝微弱的亮光提醒他们，有人来救他们了。至此，他们在井底足足被困了23个日日夜夜。

能够控制压力，让压力给自己以积极的作用，你的人生才会大踏步地接近成熟。但生活中的很多人已经习惯了在可以选择前进时选择无所作为，因为前方有太多的苦难要去面对。很多人在能够挑战自己、改变生活时选择了维持现状，因为现实的压力让他们觉得自己进退维谷。哲人说：“谁要是害怕走崎岖的山路，谁就只好永远留在山脚下。”谁要是不能在压力面前站直了，不趴下，谁也就永远只能在原地踏步，苦闷地思考自己为什么不能拥有收获的喜悦。

晓得控制和利用压力的人，是生活中的强者。即使你做不到这点，能让自己学会释放压力，让生活变得轻松、恬静，你也是一个善待自己的人。压力与心态也是紧密相连的，把握好自己的心态，管理好自己的情绪。让压力减少到最低限度，适当的释放，会是一种很不错的方法。

1.玩自己喜欢的运动

每个人都有自己喜欢的运动，篮球，羽毛球，跑步……当自己压力很大的时候，就可以抛下手头的事情，疯狂地玩一次自己喜欢的运动，让自己在运动中尽情地宣泄，这样就会轻松很多。

2.跟朋友一起K歌

其实，唱歌也是一种很好的减压方式，但是需要注意的是，我们需要叫上那些玩得比较开的朋友，一群人在一起疯狂地唱和跳，这样会感觉很轻松。当然，如果允许，可以喝一点点红酒，微醺的感觉更好。

3.去骑行吧

一辆单车，一个旅行包，就能够进行一场短暂而又放松的旅行了。现在微信、陌陌等社交软件比较发达，在我们身边也有很多骑行组织，你可以选择一个合适的群体，然后一起去骑行。归来之后，洗个热水澡，好好地睡一觉，相信整个人就会轻松很多。

4.玩玩游戏

当觉得自己内心压力较大的时候，可以来几把游戏，在游戏的世界里尽情地玩耍、驰骋，整个人的心情就会感觉轻松很多。不过凡事记得点到为止，不能过度沉迷其中。

如果你也把握不好自己的心境，或者你心乱如麻，暂时地忘却也是一种美丽的境界。现实人生中，当我们处于压力的困扰中时，找一个释放自己内心深层感触的港湾也是一种别致的情怀。暂时的忘却却能让心得到抚慰和歇息，让心拥有一刻的洒脱，释放心中的苦闷，得到暂时的宽慰，然后正视自己，面对生活。

亲近大自然，大自然是心灵的庇护之所

古语说："春有百花秋有月，夏有凉风冬有雪。若无闲事挂心头，便是人间好时节。"浅显简单的道理，只有回归到大自然，我们的情绪会变得平和起来，而那些一直存在的消极情绪则会如灰尘般渺小。在生活中，物质和财富并不能让内向者的心情变得好起来，它恰恰是起到了相反的作用。人生在没有事业、没有财富的时候，往往会将事业和财富当作是好心情的保障，他们总是因缺乏这些东西而产生坏心情。其实，这只是一厢情愿的想法。大多数的人终日郁郁不安，这时不妨投入大自然的怀抱，找寻一处心灵的庇护之所。

这是一篇游记：

最近，我一直为自己的身世而烦恼，坏心情就好像从我的

每个毛孔钻出来，看什么都不顺眼。我从小就没有妈妈，她抛弃了我，我恨她，但在我内心深处，我又特别想念她，这样的矛盾心情一直折磨着我。我感觉心好累，在不知不觉间，我来到了老家，这是一个只有自然的朴素地方。

走进大自然，这里的一切都令人欣慰、平和，没有喧闹的汽车鸣叫声，没有人们的吵闹声，一切都是那么的清晰、新鲜。阳光潇洒地照耀着大地，火辣辣的太阳变得很温暖，给我心灵无尽的安慰。

漫步在辽阔的草原里，风飘过我的身旁，很清爽，很温暖，就好像一双慈母的手，抚摸着我的脸颊，很轻柔，很温暖。风的味道，简直令我难以割舍，它的味道，让我想起儿时所闻过的妈妈模糊的香味，以及妈妈曾带给我的温暖。原来，世界真是变化莫测，虽然妈妈不在我身边，但风让我变得什么都满足，而这种满足是前所未有的。

走进小小的森林，我闻到了香甜的果实，抬起头来，竟然发现那些早已经成熟的果实不知道什么时候跑到了我的眼前，它们好可爱，红红的，衬托出它们美满的生活与幸福。我就好像一个调皮的孩子，轻轻地摘下一枚果实，也不顾卫生就塞进了嘴里，果实的甘甜袭来，让我瞬间忘却了一切烦恼，我好像早已经回到了孩童时代，那种可以无所顾忌地奔跑在大自然的感觉又回来了。毫无瑕疵的大自然，清晰、美丽，漫步在这里，我早已经忘却了我为什么会来这里，我的烦恼是什么？大自然，不仅仅是美的艺术家，更是心灵治愈师。

社会的复杂让我们失去了生命的自由空间，生活在这种复杂的环境，忧虑和烦恼空前地膨胀着，我们只是不停地工作，从来没有闲暇时光，最终使得心灵干枯了。虽然我们看似得到了许多享乐，但那却不是幸福；拥有许多方便，但那却不是自由。我们差不多已经忘记了该如何享受生活，但若是回到大自然，我们的心灵将变得宁静而充盈，那种清晰的感觉唤起了我们对过去所有美好的回忆，幸福的感觉涌上来，那些糟糕的感觉早已经被覆盖而不知所终。

1.大自然使心灵恢复平静

大自然里有什么呢？新鲜的空气、纯净的蓝天、迷蒙的烟雨、柔和的月光、连绵的青山、潺潺的流水……这一切都是美好而祥和的，它所带给我们的是心灵上的平静，就好像是缓缓流动的水，带走了一直积压在心底深处的坏心情。大自然的美对每个人而言都是平等的，越是自然的东西，就越是接近生命的本质。

2.投入大自然的怀抱

只要我们能敞开怀抱，拥抱大自然的祥和与宁静，在自然的怀抱中获得自由。在大自然的熏陶中，我们早已经放下欲望，干枯而缺乏营养的心灵在自然的馈赠中获得了滋养。在大自然的怀抱中，只要我们拥有平常心，就可以享受美好的心情。

千百年来，人们一直遵循着天人合一的精神，人类应该感恩大自然，珍惜大自然，爱护大自然，享受大自然，这样才能在自然中找到丢失已久的快乐和宁静。如果我们的心情变得很差，那不妨投入大自然的怀抱吧，在这里会忘记所有的烦恼，重新领悟生活的快乐与幸福，同时也可以治愈我们心灵所有的伤痛，让坏心情如尘埃般渺小。

一杯花茶，舒缓现代人的压力

茶是中国传统文化的经典，中国人历来对茶情有独钟，品茶也品出了茶文化。或许，每个人都有品茶的经历，却没有把品茶当作自己生活的一部分。其实，品茗茶也是一种生活情调，是每个人都需要去培养的一种情调生活。尤其是花茶，更有舒缓压力的作用，千万不要因为它的青涩之味而敬而远之，也不要因为它的简单朴实而避之，以平和的心境，才能品出茶香之味来。在闲暇之余，静静地为自己沏一杯澄净的花茶，茶味悠远，意味更悠长。只需一个杯子、一撮茶叶、一壶沸水，即构成了极富情趣的生活。当沸水注入杯中，唤起了那干瘪茶叶的生命之源，随着缓缓流入的水尽情舞蹈，享受着水给予的滋润，慢慢浮出水面。茶杯里，一个情窦初开的少女舒展着优雅、婀娜的身姿，缠绕着绿的柔美，那绿晶莹剔透、那绿清清爽爽。所以，要学会品花茶，体会那醇厚的甘甜。

花茶，令人回味无穷，品茶就像品味人生一样，在经历了风霜雨露的洗涤，最终会走向鲜花芬芳的成功之路。阳春三月，就着斜阳，凭栏眺望，嗅着茉莉的清香，在春风中深深地沉醉；夏天的六月，最适宜微苦的苦丁茶，苦味之后的甘甜会扫除你心中的烦躁；十月，一杯温厚的毛尖，让你品味秋的韵味，秋的欢快，秋的悲凉；初冬，一杯香茗，带给你阵阵暖意，点点快乐，滴滴幸福。

中国的茶文化源远流长，自古就有“斟茶要七分满”之说，这是一种礼仪，更是一种茶道。品茶也有讲究，“天生成孤僻人皆罕”的妙玉说：“一杯为品，二杯即是解渴的蠢物。”如果你仅仅把茶用来解渴，那你就辜负了这些茶叶、茶具。茶，本身就充满了雅味，茶且品，便觉得是雅到了极致。品茶之美在于它的幽雅恬静，宁静的午后，沏一壶清香的绿茶，淡淡的茶香沁入心脾，蒸腾的热气迷住了双眼，茶叶在壶中摇曳，弥散亦迷离。

花茶之所以能如此受到人们的喜欢，不但因为它本身的保健养生的功效，还因为它自身带着一股浪漫温馨的气息，令人如同置身在田园中，从而缓解现代快节奏生活给人们带来的压力感。

1.电脑族必备枸杞茶

枸杞茶有明目、养肝肾、抗疲劳的效用，对于长时间坐在电脑面前的人非常适合。放入十几粒枸杞，加热水冲泡饮用，连续饮用两月便会有效。

2.防辐射必备胎菊花

胎菊花是杭白菊中最商品的一种，具有抗氧化、解除疲劳、收敛毛孔、养肝明目、清心补肾、调整血脂、春暖去湿的作用。

3.养肺茶紫罗兰

紫罗兰具有祛痰止咳、润肺、消炎、保护支气管的效用，尤其适合吸烟过多者饮用。同时保持呼吸粘膜的顺畅，可以解毒、调气血、消除疲劳。

佛说："菩提本无树，明镜亦非台，本来无一物，何处惹尘埃。"品茶也是如此，是繁华落尽之后的落英缤纷，是年少浮躁之后的平淡真切。茶味甘甜醇香，浓而不腻，淡而不俗，流淌在空气中，轻轻回响在心田，透明、空灵、清幽。一杯花茶，可以令自己心静如水，坦然面对现实生活的重重压力。

不努力做好当下的自己，就会将自己置于明天的疑虑中

古人曰："生于忧患，死于安乐。"只有忧愁患害才能使人发展，安逸享乐则会使人萎靡死亡。可是，如果我们总是没完没了地考虑明天，内心时刻存在一种忧患意识，那么，我们如何活在当下呢？虽然人们常说"防患于未然"，但是，如果一个人对未来过度地焦虑和担忧，时间久了，就会变成一种心

理负担，整个人都被笼罩在消极情绪之下。这样一来，极有可能导致的结果是，以后的每一天我们都将生活在忧虑之中，阳光照射不进我们的生活。对未来生活的焦虑和恐惧，成为了现代人普遍的一种心理，即使人们当下的生活过得很不错，但是他们会不自主地担心未来的生活，总是没完没了地考虑明天会怎么样呢？因此，为了有效控制自己的情绪，不要总是没完没了地考虑明天，不妨尽心做好当下的自己吧！

面对着一群研究生的拜访，心理专家从房间里拿出了许多水杯摆在茶几上，有不同材料的杯子，有的是玻璃杯，有的是瓷杯，有的是塑料杯，有的是纸杯，学生们各自拿了一只杯子喝水。当学生们拿起了杯子，心理专家开始说话了："大家有没有发现，你们挑去的杯子都是比较好看、比较别致的，像这些塑料杯和纸杯，都没有人拿走。其实，这就是人之常情，谁都希望手里拿着的是一只好看一点的杯子，但是，我们需要的是水，而并不是水杯，所以说，杯子的好坏，并不影响水的质量。"接着，心理专家解释道："想一想，如果我们总是有意或无意地把选杯子的心思用在了考虑明天的事情上，那么，我们的生活能够远离平静吗？"一位学生摇摇头："当然不，烦恼会接踵而至。"有时候，我们花上过多的时间来考虑明天会怎么样，担心明天会发生什么。结果，当下的今天我们却没能做好，反而置自己于忧虑之中。

有一位成功人士毫不忌讳自己的焦虑：“现在我的公司刚刚上市，一切都在起步阶段，许多人恭贺我的成功，为此我却感到忧心忡忡，未来的种种困难在某个阶段等着我。同时，每天外出应酬，常常是喝酒，自己的身体每况愈下，对于明天，我真的十分焦虑，害怕它的到来，更害怕随着它而来的还有无限的挫折和挑战。”其实，即使再焦虑，我们也不能改变未知的明天，不妨调整好自己的情绪，以坦然的心境来面对今天，尽心尽力做好自己，不要去过多地考虑明天。

那么现在请你问一问自己下面这些问题，并写下答案：

（1）我是否逃避现在的生活，宁愿为未来担忧，或者仅仅梦想所谓的“远处奇妙的玫瑰园”？

（2）我是否经常为过去而懊恼，让今天过得更加不愉快？

（3）我早上起来的时候，是否决定“珍惜今天”，将24小时发挥得淋漓尽致？

（4）“活在当下”是否有助于我今天生活得更快乐？

（5）我应该什么时候开始呢？是下周？明天？抑或是今天？

许多人总是没完没了地考虑明天，自己找来了许多烦恼，这就是所谓的“烦恼不寻人，人自寻烦恼”。对于医生来说，在他们心中有一个秘密，那就是：大多数的疾病是可以不治而愈的。有的医生甚至断言：“许多人之所以生病，完全是吃撑了没事做，自己无聊坐在那里胡思乱想，多么美好的一个明天，硬是被他自己设想出许多灾难来。”

第 09 章

摒除负面情绪，时刻保持最佳状态

我们都知道，人是情绪化的动物，情绪对我们的生活和命运具有决定意义的影响。积极的情绪会引导我们以正确、恰当的方法做人做事，引导我们成功。而相反，在消极情绪的引导下，我们也可能会做错事而追悔莫及。青春期是情绪化的年纪，他们的情绪很容易被周围的人和事影响。因此，每一个青少年朋友，都必须学会做自己情绪的主人并掌握一些摆脱坏情绪的方法，只有这样，你才能避免因不当的发泄给自己和他人带来困扰。

积极起来，绝不要让消极心态有机可乘

生活中，人们的心情总是会因为周围发生的事而受到影响，当遇到不幸或者不快的事情时，心情还会因此低落。但无论遇到什么，我们都要反复暗示自己，不要被低落的情绪控制。那些成功者之所以成功，就是因为他们做到了这点。因为决定人生成败的是态度，积极乐观的人可以在任何时候都快乐，无论道路多么崎岖都会毅然向前走；消极悲观的人总是触景伤情，甚至感觉活着是那么艰难。所以，不管你身处何种地步，一定要保持正面情绪（积极、乐观、不抱怨），你就会变得成熟、自信。

然而，生活中许多人一陷入困境，就变得消极、悲观，甚至一蹶不振，其实，并不是困难打败了我们，而是我们自己打败了自己。其实，我们应反复暗示自己，困境是另一种希望的开始，它往往预示着明天的好运气。因此，你只要放松自己，

告诉自己希望是无所不在的，再大的困难也会变得渺小。这样，你也就能挣脱低落情绪了。

的确，人不可能永远处在心想事成之中，生活中既然有挫折、有烦恼，就会有消极的心态和情绪。一个心理成熟的人，不是没有消极情绪的人，而是善于调节和控制自己情绪的人。而自我激励，是用理智控制不良情绪的又一良好方法。恰当运用自我激励，可以给人精神动力。当一个人在困难面前或身处逆境时，自我激励能使你从困难和逆境造成的不良情绪中振作起来。

可能很多人会产生疑问，如何才能具备积极的心态呢？其实，这完全取决于我们自身的选择。

1. 摒除那些消极的习惯用语

这些消极的习惯用语一般有：

“我好无助！”

“我该怎么办？”

“我真累坏了”

相反，我们可以这样说来激励自己：

“忙了一天，现在心情真轻松。”

“上帝，考验我吧！”

“我要先把自己家里弄好。”

“我就不信我战胜不了你！”

2.有意接收积极信息

每天早上，当你起床后，就要接触那些积极的信息，如果可能的话，和一位积极心态者共进早餐或午餐。不要去看早上的电视新闻，你只要浏览一下当天报纸上的几条重要新闻即可，这几条新闻足以让你了解到当今世界的重大新闻。你可以多关心一些与你的工作和生活有关的当地新闻，而对于那些惨案类的新闻，你要管住自己的眼睛，不要在早上就去阅读他们。在开车或者坐车去上班的路途中，你最好也可以听一些愉快的音乐。而晚上，你不要花大量时间去玩网络游戏、看电视等，你应该多陪陪你的家人和孩子，向他们讲讲当天的趣事。

当你情绪低落时，你可以放下手中的工作和繁琐的生活，去你所在城市的医院、养老院、孤儿院看看，这样你会发现，比你不幸的人太多了。如果情绪仍不能平静，就积极地去和这些人接触；和孩子们一起散步游戏，把自己的情绪，转移到帮助别人身上，并重建自己的信心。通常只要改变环境，就能改变自己的心态和感情。

当坏心情降临时，你可以用某些哲理或某些名言安慰自己，鼓励自己同痛苦、逆境作斗争。自娱自乐，会使你的情绪好转。

无论我们遇到什么事，不要让消极心态有机可乘，要拒绝受控。一旦看到被消极心态袭击时，得马上自我保护，提醒自己它只不过是借软弱打倒理性的纯粹思维惯性而已，你便能歼灭那些消极心态了。

微笑看待人生，好运就不会远离

我们每个人都有情绪，并且这些情绪都很复杂，每时每刻都在发生着变化，快乐、激动、悲伤、恐惧、愤怒、忌妒等都可能随时影响我们的心境。事实上，这些情绪都是正常的人应该有的，但面对那些消极的情绪，我们需要懂得扭转，进而转化情绪为你自己所需。有人说这世界上存在两种人，划分的标准就是他们对待事物的态度，一种是乐观的人，一种是悲观的人。乐观者，他们的脸上总是挂着微笑，似乎没有事情能难倒他们，因此，他们生活得幸福、坦然；而悲观的人，他们似乎总是把眼光盯在事物坏的一面，于是，他们总是感到低迷，整日郁郁寡欢。有句话说得好："乐观者在灾祸中看到机会，悲观者在机会中看到灾祸。"微笑看待人生，好运就不会远离你。有这样一则堪称"神奇"的故事：

曾经有一对年过四十夫妻，他们在进行年度身体检查时，却发现都患了绝症：妻子得了乳腺癌，丈夫患了严重的动脉血管疾病，医生坦言他们只剩下半年时间了。这简直犹如晴天霹雳，他们原本幸福的生活似乎一下子就要破灭了。

然而，这对夫妻并没有就此在哀怨中生活，他们想了想，还有半年时间，足够他们完成这辈子最想做的事了——环球旅行。于是，他们卖掉了他们十年前才还清贷款的房子，很快就出发了。

在他们的旅行过程中，他们几乎忘记了生病这一回事，格外珍惜每一天，他们仿佛回到了二十年前他们刚结婚的时候，那时候，他们没钱、忙于工作、照顾孩子，但现在他们有机会了，看到他们甜蜜的样子，没有人会想到他们是一对生命即将结束的病人。

五个月后，他们的旅行结束了，按照规定，他们还需要做一次检查，但在看检查结果时，连医生都惊呆了，他发现二人的癌细胞已经消失，连丈夫的动脉血管阻塞也好了许多，这个结果让医生感到匪夷所思。

后来，医生就这一对夫妇的情况进行了研究，他们认为这是积极的情绪的作用，快乐的人脑内会分泌一种安多芬，它会增加体内的淋巴球，进而增强对抗癌细胞的能力，让人重新获得健康。

这简直是个奇迹！因此有人说，积极的心态是创造人生，积极的心态是成功的源泉，是生命的阳光和温暖；而消极的心态是失败的开始，是生命的无形杀手。所以我们一定要重视情绪的力量，请察觉每一个情绪背后的意义，它可能是死神的召唤，更可能是改变命运之门的钥匙。

的确，乐观就像心灵的一片沃土，为人类所有的美德提供丰富的养分，使它们健康地成长。它使你的心灵更加纯净，意志更加富有弹性。它就像最好的朋友一样陪伴着你的仁慈，像尽职尽责的护士一样呵护着你的耐心，像母亲一样哺育着你的睿智。它是道德和精神最好的滋补剂。马歇尔·霍尔医生曾对自己的病人说过：“乐观的态度，是你最好的药。”所罗门也曾说：“乐观的心态，就是最强劲的兴奋剂。”有一位虔诚的作家，在被人问到该如何抵抗诱惑时回答说：“首先，要有乐观的态度；其次，要有乐观的态度；最后，还是要有乐观的态度。”

杨林在单位里是别人眼中最“幸福”的女人。她的幸福，并不是因为她漂亮，物质生活充足，而是她脸上永远洋溢着舒心的笑容。刚结婚那年，她身上就发生了一件不幸的事——因为出车祸，让她落下了腿部的残疾。但任何一个同事，坐在她的身边就会有一种非常舒服的感觉，因为你会被她的那种温和、乐观的情绪所感染。

残疾对于一个女人来说已经非常不幸了，两个人所组成的家庭里有一部分不完整了，生活中的风风雨雨就可能会“乘虚而入”，但是杨林的家却是幸福和温馨的。她和丈夫之间的感情很好，他们的生活非常快乐。而这一切都是因为她的心态是平和的，她的人格是独立的。她从来不把自己看做是一个残疾人而给丈夫增添更多的心理压力。当丈夫处于事业上的瓶颈期时，她用她乐观的态度鼓励丈夫重整旗鼓，因而她便获得了丈夫的主动关怀和爱护，这比自己强迫来的要真实和自然得多，也更踏实得多。

有本书上说过：“思想，能令天堂变地狱，地狱变天堂。”其实生疾快乐或是悲伤的选择权就在你手中。相信自己能做个乐观的、爱笑的人，相信自己能做个神采飞扬的人，即使残疾，杨林依然选择了让自己快乐、幸福的人生态度——乐观。

日常生活中，丢了钱财，路遇堵车，看似很倒霉，悲观的人或许会为此懊恼一整天，认为老天对自己不公平，结果心里十分不开心，在工作生活中带着这种郁闷的情绪，这对自己有什么好处呢？反过来，把这些不顺心当作生活中的一部分调料，乐观地看待，你或许会有另外一番心情……抱着这样的态度，看待生活，还会有什么不开心的事，还会有什么烦恼呢？

用乐观的态度对待人生就要微笑着对待生活，微笑是乐观击败悲观的最有力武器。无论命运给了我们怎样的“礼物”，都不要忘记用自己的微笑看待一切。微笑着，生命才能将利于自己的局面一点点打开。在饱受约束的现实生活中，要让心灵快乐的飞翔，微笑还应该是一种境界。苏轼《题西林壁》云：“横看成岭侧成峰，远近高低各不同。不识庐山真面目，只缘身在此山中。”看似浅显，其实却饱含生活哲理。人人要面对红尘命运中的各种磨难和悲辛，身在其中，心思却能够跳脱其外，以那种怀禅的释然、纳海的胸襟、平和的意绪，坦诚面向过往未来一切莫测的事变，那么尽享祥和的微笑则不言而喻。

那么，外面吹着风，你是无奈地拨弄乱发，还是用心品味花草的芬芳？漆黑的夜里，你是缩在屋子的一角，还是走出屋外仰望日月星辰？一个人的时候，你是觉得无聊寂寞，还是找到心灵一片宁静的角落？你要做一位乐观的生活强者，还是一位整日抱怨命运的乞丐？真正的裁判是你自己！

有这么一句流行的话。好的情绪带你进天堂，坏的情绪带你住套房，甚至会住进十八层地狱！增强运用情绪的能力，就需要我们做到，时时心存感激不忘欣赏生活的美好，保持均衡的生活，让每一天都过得有意义。

情绪转移，让坏情绪及时得到宣泄

生活中，我们难免会遇到一些不顺心的事情，不好的情绪如果没有及时得到排解，将会有害身心健康。而且，假如我们凡是遇上不顺心的事情，就将自己不快的情绪发泄到家人或朋友身上，又会伤害身边最亲近的人，甚至影响家庭或同事间的和睦关系。其实，当出现不良情绪时，可以将注意力转移到其他活动上去，去干一件自己喜欢干的事，如练习书法、打球、上网等，从而将心中的苦闷、烦恼、愤怒、忧愁、焦虑等不良情绪通过这些有趣的活动得到宣泄。

的确，情绪是一把双刃剑。当情绪被我们牢牢地掌握时，情绪就成为我们驯服的奴隶，我们便随时可以让坏情绪远离我们。无论顺境逆境成功失败得意失意，我们始终能保持冷静的头脑从容面对，体现修养和品质。但当情绪占据了我们的生命而挥之不去时，我们便沦为了情绪的奴隶。此时，坏的情绪可能使我们变得盲目、冲动、急躁、易怒，生活的常规被改变，人生的帆船在飘摇，于是失落、伤感、沮丧、绝望便接踵而至，甚至歇斯底里，我们最终被情绪逼近了死胡同。其实，谁都有坏情绪，面对坏情绪，只要我们及时调节，就能消除，其中，重要的方法之一就是转移法。

每个人都会对身边的事情产生一些负面情绪，但自控能力强的人擅于以正确的方式排解心中的不快，而不是将情绪传染给身边的人，让他们成为我们情绪发泄的对象，面对情绪，我们可以通过开展视野的方法，把情绪放走。

小彭和小李在同一家公司上班，两个人关系很好，可是两个人在公司的人缘却不一样，小彭在公司里的人缘很好，待人和善，同事几乎没人看她生过气。可是，小李却是个把喜怒哀乐都挂在脸上的人，为此和很多同事都闹过矛盾。小李不知道小彭是怎样做到这么好的修养的。有一次，小李准备去小彭家玩，却发现她正在顶楼上对着天上飞过来的飞机吼叫，于是就好奇地问她原因。

她说："我住的地方靠近机场，每当飞机起落时都会听到巨大的噪声。后来，当我心情不好或是受了委屈、遇到挫折，想要发脾气时，我就会跑上顶楼，等待飞机飞过，然后对着飞机放声大吼。等飞机飞走了，我的不快、怨气也被飞机一并带走了！"

怪不得她脾气这么好，原来她知道如何适时宣泄自己的情绪。这下子小李明白了，小彭还告诉小李很多可以发泄自己情绪的方法，比如到无人的地方大声呼喊、看书等，从而不把这些情绪带到公司和其他场合。

从此以后，小李就尝试着用这些办法发泄自己的不良情绪，果然，这些方法很有效，小李为自己的不良情绪找到了一个出口，把心中堵塞之处疏通了。很多时候，她带给大家的是欢乐，而不是不良情绪，她在公司的人缘一下子好了很多，她的修养也提升了很多。

这里，小彭对于发泄愤怒情绪有自己的一套方法。的确，每个人都会产生不良情绪，比如，愤怒等，有这很正常，我们不要把这些情绪压抑在心中，因为一味地压抑心中不快，只能暂时解决问题，负面情绪并不会消失，久而久之，就可能填满我们的内心世界，使我们的身心越来越疲惫。因此，除了自我调节和消化外，我们还应该给不良情绪找个宣泄的出口，让它尽快释放出来，正所谓“堵不如疏”。将负面情绪减小到最低程度。其中，就包括拓展视野法，即通过其他行为来转移视线。具体来说，我们可以做到：

第一，倾诉法。

当你心情不好时，可以找自己最信任的朋友倾诉，但你最好找那些比较冷静、理智的朋友，因为他们能给你提出一些疏导情绪的意见。

第二，摔打安全的器物。

如枕头、皮球、沙包等，狠狠地摔打，你会发现当你筋疲力尽时，内心是多么畅快。

第三，高歌法。

唱歌尤其是高歌除了愉悦身心外，它还是宣泄紧张和排解不良情绪的有效手段。

第四，环境调节法。

心情不好或感到压力大、郁闷不乐时，你可以走出办公室、走出家，去大自然中呼吸新鲜的空气，我们的心绪往往就能很快得到舒缓。如果有条件，还可以进行短期旅游，从而彻底放松自我。

第五，注意力转移法。

当出现不良情绪时，可以将注意力放到其他事情上去，做自己喜欢做的是，比如，打球、上网、跑步等，从而将心中的苦闷、烦恼、愤怒、忧愁、焦虑等不良情绪通过这些有情趣的活动得到宣泄。

可见，一个成熟的人应该有很强的情绪控制能力。无论遇到什么事情，哪怕是违背自己本意的事情，都得控制自己的情绪，不能有过激的言行。唯有如此，才能成就大事，从而达到自己的目标。

我们不但要控制坏情绪，还要学会转移情绪，当我们被坏情绪所困扰，又不能对他人发泄的时候，不妨尝试自我调节和放松。心理学家认为，“在发生情绪反应时，大脑中有一个较强的兴奋灶，此时，如果另外建立一个或几个新的兴奋灶，便可抵消或冲淡原来的优势中心。”我们因为某件不顺心的事情烦躁、暴怒的时候，可以有意识地做点别的事情来分散注意力、缓解情绪。

做到自制，冲动是魔鬼

我们知道，人非草木孰能无情，人都是有情绪的，我们的心情也好坏常常会被周围的一些人和事影响，有些人甚至是情绪化的，他们的情绪似乎总是不受自己控制。于是他们起伏于这种恶性失衡之中，常常陷入自相矛盾的境地，失去了正确的判断力；而那些成功者则能做到自控，无论外界怎么变幻，他们总是能以理智的心态面对，他们有着很强的自律能力。青少年朋友们，现在的你年轻气盛，容易冲动，但请记住：冲动是魔鬼，会让自己一败涂地。从现在起，一定要做到自制，理智思考并克服自己的情绪。

俗话说：态度决定一切。这就是说，一个人的情绪糟糕，容易冲动，往往会把一切事情都办糟糕。即使遇到了好事和良机，也会因为不良的情绪，使自己产生出无形的压力，使自己的能力无法充分发挥，错过这些机遇。

生活中的人们，我们也要记住，在任何时候冲动都是我们最大的敌人。如果忍耐能化解不该发生的冲突，这样的忍耐永远是值得的。

相传，勾践战败后，他接受了大臣文种的建议，收买了吴国太宰伯丕向夫差称臣纳贡求降，越王和王后到吴国给夫差为奴做妾。夫差答应了，却在吴国对勾践夫妻极尽羞辱，勾践在夫差面前一幅感恩戴德五体投地的奴才相，嘴里还感激夫差不计前嫌以德报怨、宽宏仁慈。勾践在夫差面前表现得十分恭敬，称自己为贱臣，小心翼翼，百依百顺。夫差要上马，勾践就跪下来让夫差踏在自己的背上；夫差生病了，勾践在夫差面前寝食难安，问病尝粪，嘴里一边吃着夫差的大便，还一边说出自己的忠诚之志："恭喜大王，大王的病就快好了。"

就这样，勾践以自己的忠诚打动了夫差，终于夫差下令让勾践回到越国。勾践回到越国之后，立志要报仇雪恨，他唯恐眼前的安逸消磨了自己的志气，于是在吃饭的地方挂上一个苦胆，每逢吃饭的时候，就先尝尝苦味，并问自己："你忘了耻辱了吗？"他还把席子撤去，用柴草当作褥子，这就是后人一直传诵的"卧薪尝胆"。

这样的姿态，比委曲求全更甚，勾践所受的侮辱和苦难都不是普通人能及的，但勾践都一一忍耐了过来。其实，他早就有了复国大计，之所以在夫差面前百般受辱，那是为了赢得夫差的信任，这样自己就可以早日回到越国去施行复国大计。那看似委曲求全，实则是一个计谋，勾践早已经将整个计划运筹帷幄于股掌之间。于是，这才有了后面“勾践灭吴”的故事。

同样，在我们的生活中，也难免会遇上各种各样的事情，一遇到事情的时候可能也都会冲动。而做一些自己都不知道该不该做的事情！因此也就会产生许许多多的埋怨！在不管遇到什么事情的情况下，都要冷静地让自己思考一下，那怕只是短短的几秒钟，也许结果就完全不一样了！

总之，人生漫漫，不要让自己输在心态，心态决定人生，也决定了人的生活方式，懂得自制，能控制自己的情绪，就会控制由冲动带来的一系列恶性情绪反应循环。

积极的自我暗示，帮你调整心情

人的心是活的，听到的话总是使其产生一定的改变。所以这也就决定了人心容易受到暗示的影响。如果进行积极的自我暗示，一个人就会积极正向，充满正能量。如果进行消极的自我暗示，一个人就会消极悲观，充满负能量。心理学家已经证实，积极的自我暗示能够帮助我们消除内心的恐慌，消极的自我暗示，则会使人心中更加恐惧，甚至导致身体也随之产生不利于健康的变化。

现实生活中，很多人出身贫寒，却因为为自己制订了远大的理想和人生计划，因而在奋斗的过程中坚持激励自己，对自己进行积极的自我暗示，最终彻底改变了自己的命运，出人头地，成为人生的成功者和强者。相反，假如一个人始终进行消极的自我暗示，就会导致命运更加糟糕，人生也会更加坎坷挫折。曾经，有个人在冷库里工作，眼看着就要下班了，他突然想起有私人物品遗落在冷库中，因而进入一个冷库去取东西。不想，工友们不知道他在冷库中，因此锁上冷库的门下班了。这个人发现自己被锁在冷库里，不由得惊慌失措，大喊大叫，但是无人应答。一夜之后，工友们来上班时，发现他已经死在冷库中。最让人惊讶的是，冷库当天晚上拔掉了电源，根本没有制冷，而且冷库中的空气也完全够他一晚上消耗的。最终，心理学家证实，他死于内心的恐惧，死于绝望的心理暗示。由此可见，消极的心理暗示不但影响我们的心情，对于我们的身体健康也是有着恶劣影响的，甚至会夺走我们原本健康的生命。

现代社会，每个人的生存压力都很大，在这种情况下，我们更加需要进行积极的心理暗示，才能赶走坏心情，保持心情愉悦轻松，从而更加坦然从容地面对生活和工作。要知道，愁眉苦脸和焦虑的心情，根本不能帮助我们。任何时候，任何情况下，我们都唯有积极主动，才能摆脱沮丧绝望，也才能让我们的人生充满希望。

（1）生活中，我们的情绪时常如同过山车，时而高兴、时而失落。当觉得心情很差时，我们不如采取积极的自我心理暗示，从而帮助自己恢复好心情。

（2）我们必须知道，无论我们心情如何，人生总是要继续向前。因而，我们必须及时调整心情，勇敢面对人生。

（3）佯装高兴，渐渐地，我们就会真的变得高兴起来。所以朋友们，对着镜子里的自己笑一笑吧，你会发现你很快就开心起来了。

只有积极调整自己的心态，才能走出抑郁的阴霾

小敏是家中的独生女，父母都是知识分子，对她期望非常高。因此小敏从小受到多于别人的教育，智力开发也比别人早些，学习成绩一直很好，每次考试都是优秀。

但是，期中考试时，小敏患了重感冒。由于身体不适，另外加上精神紧张，有一科没考好，因此，随后的考试也受到影响。尽管小敏没有考好，但是爸爸妈妈并没有责怪她，反而鼓励她，可小敏仍然不开心。从那之后，她开始变得不爱说话，有时候明显精神不振，好像没睡醒，在家学习时也不能聚精会神。妈妈还发现，自那次考试之后，小敏的饭量明显比以前减少了。

又过了几天，小敏总说身体不适，不想去上学，妈妈要带她去医院，她也显得极不情愿，不肯去。妈妈没办法，只好帮她跟老师请了假。在家里，小敏一直躲在自己的小屋子里，只有吃饭的时候才出来。

妈妈很心疼小敏，于是给班主任老师打了个电话，询问小敏的近况。老师告诉妈妈，自从期中考试之后，小敏就像是变

了个人似的，整天不说话，也不开心，下课也不和同学们一起玩耍。上课的时候不认真听讲，学习成绩有下降趋势。

人为什么会患有抑郁症？有些人患有抑郁是因为感情挫败；有些是生活不如意；有些则是因工作或学习上的事。总之就是情感承受不住现实的“摧残”而出现的极端心情。在这极端心情的催促下滋生出各种不良状态，从而加深了抑郁的症状，使得精神逐渐迈向了严重抑郁。

抑郁是一种不快乐的情绪状态。抑郁情绪严重的人，可视为抑郁症患者。历史上，有很多名人也患了抑郁症。没有哪种职业、种族、性别或年龄可以对抑郁症免疫。抑郁症在全世界的发病率在10%左右，严重的抑郁症还是引发自杀的第一诱因。

长期忧郁会使人的身心受到损害，使人无法正常地工作、学习和生活。人们都希望自己经常并永久处于欢乐和幸福之中。然而，生活是错综复杂、千变万化的，并且经常发生祸不单行的事。那么，遇到心情不快时，应采取什么对策，避免忧郁呢？

1.增加交际，多参加一些社会活动

抑郁者应该学会脱离单调无味的生活，在两点一线的生活基础上，加进一些生活的乐趣，比如说参加朋友聚会，出去旅游或者养成每天散步的习惯，在活动中将一天的郁闷排除出去。培养自己多方面的兴趣和爱好，这样不但可以充实自己的精神生活，还能提升自身素质。

2.必要时寻求心理医生的帮忙

如果你觉得内心过于煎熬，那么，你应该说服自己，寻找心理医生来为你解疑答惑。生活中，寻求心理治疗的患者多半有两种情况，一种是自己已经认识到问题的存在，自愿寻求帮助；另外一种是在亲朋的支持下寻求医生的帮助，这对于患者的治疗和恢复有很大益处。朋友们，有问题就要及时解决，这样你才能更早恢复往日的欢乐，走出抑郁情绪的雾霾。

3.多读书，补充精神食粮

书籍的力量无穷大，多读书，读好书，你将受益一生。古人说："至乐莫如读书。"通过读书来获得快乐，这是古今中外很有效的好方法。读书是一种特殊的心灵交流，是在跟圣人交谈。只要能够细心品尝，就一定能回味无穷。

4.不自卑，做一个自信满满的人

因为不自信，总觉得一切都没有意思；因为不自信，就常常感觉很自卑；因为不自信就会患得患失，疑神疑鬼，整天烦恼不断，这样下去，怎能不抑郁。我们就要自信点，自信地面对不完美，自信地面对得失，自信地为自己以及自己的情绪负责。

大家一定要学会自我调节，懂得安慰自己，即使心情抑郁了，也不必担心，因为抑郁并不等同于精神分裂。你只要告诉自己，我的情绪感冒了，正在发烧，还会打喷嚏，现在很痛苦，但吃点药就会好的。

第10章

探密幸福，善于制造和发现幸福的人总是最幸福

无论生活还是工作中，我们都有着压力，但我们却并未停下追求幸福的脚步。幸福就像幸运女神一样，不会自己主动上门，需要我们努力奋斗，勤奋作为，苦苦寻觅，真心地迎接幸福的姗姗到来。也就是说，幸福需要我们身体力行。的确，善于制造和发现幸福的人是最幸福的，如果你是个忽视“体验幸福”的人，那么，唯一能够做的就是“痛改前非”，努力前行，朝着你的幸福目标迈进！

享受当下的生活是幸福最简单的模式

很多人认为，幸福最简单的模式就是拼命挣钱，当积蓄能够满足自己的挥霍后，享受的人生就此拉开序幕。在这之前，不停地拼搏和奋斗，才是有志向、有抱负的表现。

现实果真如此吗？哈佛最受学生喜欢的幸福课教授本·沙哈尔否定了这个观点。他经常在课上讲述的“蒂姆的故事”，就是反驳这个观点的一个强有力的论据。从这个故事中，很多人能够发现自己的身影也在其中晃动。

这种交易的愚蠢看起来一目了然，道理也十分简单，但生活中却仍有不少人执迷不悟，很多人用一生去追求一个看似得到后就会很满足、很幸福的目标，但最终的结果，往往显现的是你的悔恨。

人是一种有着美好憧憬的动物，年轻时，我们总是想着等到老了以后，得到了许多物质的满足，再去好好享受，去环球旅行；当我们有了孩子的时候，总是惦记着让子女好好享受。至于自己到底需不需要享受，自己什么时候享受，却从不去认真考虑。所以，事实上，很多人是不会享受的。

享受生活归根结底是一种心境。享受的关键在于寻找快乐的人生，而快乐并不在于其拥有多少、获得多少，生活质量如何，而是在于其怎样看待周围的人和事情，怎样让自己有一颗接纳一切快乐事物的心。

本·沙哈尔在课堂上告诉同学们，生活的意义在于感受幸福，在于享受此刻的生活。幸福和爱向来都是孪生兄弟，哪里有爱，哪里就会有幸福的花朵盛开。爱是甘泉，滋养生命，浇灌幸福。一个人要想真正享受幸福，就必须懂得付出，懂得播种爱的芬芳，当别人从你的付出中获得幸福时，你也就享受到了幸福。幸福在给予中获得，也在给予中升华。爱人者被爱，这是千古不变的真理。只有爱，能够使我们领略到幸福的真谛；只有爱，才能让我们的灵魂充满幸福的香味；也只有爱，才能真正让我们享受到幸福。

练习幸福，使之成为一种习惯

你每天幸福吗？面对这样一个既简单而又复杂的问题，我们常常不知道该如何回答。为此，史铁生曾这样写道：“生病的经验是一步步懂得满足，发烧了，才知道不发烧的日子多么清爽；咳嗽了，才体会不咳嗽的嗓子多么安详；刚坐上轮椅时，我老想，不能直立行走岂不把人的特点搞丢了？便觉得天昏地暗，等又生出褥疮，一连数日只能歪七扭八地躺着，才看见端坐的日子其实多么晴朗。后来又患尿毒症，经常昏昏然不能思想，就更加怀念往日时光。终于醒悟：其实每时每刻我们都是幸运的，任何灾难面前都可能再加上一个‘更’字。”

史铁生从心底深处说出了这样的话，也许我们可以理解为他一定是吃尽了“疾病”的苦头，所以才把幸福底线定得这么低。事实上，幸福底线本就如此低，为什么我们并没有养成每天“幸福”的习惯？那是因为我们总是认为生活给予的不够多，不自觉提高了幸福的底线，但是，当我们意识到什么是真正的幸福的时候，生命留给我们享受幸福的时间已经少得不能再少了。本·沙哈尔认为：“只要你追随自己的天赋和内心，你就会发现，生命的轨迹原已存在，正期待你的光临。你所经历的，正是你应拥有的生活，当你能够感觉到自己正行走在命运的轨道上，你会发现，周围的人，开始源源不断地带给你新的机会。在追求有意义而又快乐的目标时，我们不再是消磨光阴，而是在让时间，闪闪发光。”所以，我们应该让幸福成为自己的习惯，降低幸福的底线，你就会发现，幸福几乎触手可及。

在辅导班里，有一位60岁的教授，他幽默风趣，专业知识精深。但是，给学生印象最深的却是他每一次进教室都精神饱满，面带笑容，而且，每次都会带上一束花放在教室的花瓶里，虽然，每一次带来的花都不一样，但都一样鲜艳美丽。学生不禁产生这样的疑问：教授为什么总是感到如此幸福，难道生活就没有什么不顺心的事情吗？

课程结束之后，一位学生向教授表示了自己的感激之情，同时提出了一直存在心中的疑问。头发花白的教授笑了笑，说：“其实，我只是把幸福的感觉当成了一种习惯，前段时间，老伴在一次车祸中走了，孩子又在外地工作，我一个人在家里很孤单，本来我已经退休了，但我还想继续执教，因为教师这份职业让我感到快乐。在工作之余，我最喜欢养花，在我家的院子里一年四季都有花香，我把这些花送给了朋友、邻居以及喜欢这些花的陌生人。我每次带来的花都是自己种的，能给别人带去快乐，我自己也感到很幸福。”闻着那些花香，学生感到幸福正抚摸着自己的脸颊。

亚伯拉罕·林肯曾经说过：“人们如果下定决心要拥有幸福，他就会等到幸福。”其实，幸福只是一种感觉，我们每个人都有拥有幸福的权利。在日常生活中，我们常常会感到悲伤、烦闷，总是认为幸福是一种奢侈品，难以把握。那么，我们就让幸福成为自己的一种习惯吧！生活中的习惯就是一种积累，而我们有养成幸福习惯的力量，因为我们完全可以自己选择幸福。习惯于幸福的人会每天对自己说：“今天的天气真好，一切都会顺利的。”而不幸的人会说：“今天一切又不会顺利。”有时候，幸福对于我们来说只是一种选择，谁也不能决定你的幸福，只有你自己。

让幸福成为自己的一种习惯，我们不需要太多的寻寻觅觅，不需要太多的权衡，只需要我们放下那些太过于高远的想法，给自己的幸福画一条最浅的底线，你就会发现，生活中的快乐越来越多，幸福越来越多，每一天都是富足而充实的。

有的人习惯于忙碌奔波，深陷名利而不能自拔，猛然回首，才发现真正的幸福恰恰就在出发的原点，而当年的他们却坚信幸福会在更远的地方。如果你已经埋头工作了许久，那么，请站起来，推开窗，深深地呼吸，放眼眺望，微笑抑或呼喊，慢慢品尝这一刻，享受它，学会在最琐碎的事情里品尝幸福的滋味！

体会幸福，培养幸福感

小狗问妈妈："我的幸福在哪里？"妈妈说："它就在你的尾巴尖上。"于是，小狗就天天追着自己的尾巴寻找幸福，但是转得头都晕了还是没有找到。它哭着问妈妈："这是为什么？"妈妈回答说："抬起头，向前走，幸福就在你身后！"

哈佛教授亨利·霍夫曼说："你是否快乐与痛苦，不完全取决于你得到什么，更多地在于你用心去感受到了什么。"幸福，是需要培养和感受的，而不需要刻意地寻找。忙碌的一天过去了，在寂静的夜里，每个人都忍不住困惑：自己拥有幸福吗？幸福在哪里？在追寻幸福的路程中，我们必须要踏过痛苦、挫折与烦恼，冲破内心的束缚，决不能绕过它们去得到幸福。于是，我们懂得了幸福是需要培养与用心感受，抬起头，勇敢地向前，用心感受旅程中的点点滴滴，这样才会把幸福牢牢地拴在自己的身后。

当我们跋山涉水去寻找幸福的时候，为什么却感觉不到幸福呢？原来幸福在心里，它是要用心去感受的。罗曼·罗兰说："一个人幸福与否，决不依据获得了或失去了什么，而只能在于自身感觉怎样。"幸福就如同伴着汗水和泪水的鸟儿，它不喜欢喧嚣浮华，却常常在暗淡中降临。幸福是一种感受，需要我们用心去培养与感受它，而非仅仅地一味寻找。

每个人对痛苦的体验比较深刻，而对幸福的体验却有些肤浅。当我们苦苦追寻幸福的时候，或许已经错过了感受幸福的机会；当我们费尽千辛万苦获得幸福的时候，才发现幸福原来是如此简单，只要用心培养与感受就能慢慢获得。

本·沙哈尔教授开设了"幸福心理课"，但是，在过去的30年里，他并不是一个幸福的人。在漫漫的寻找与追逐中，他逐渐变得快乐与幸福。对此，本·沙哈尔教授说："积极的心理可以帮助人们获得更快乐、更充实、更幸福。幸福，是可以通过学习和练习而获得的。"幸福需要培养与感受，而幸福却是可以学习和练习而获得的。当然，这是可行的，因为本·沙哈尔通过了自己的亲身经历向我们证明了这是可行的。

幸福，其实就隐藏在我们身边，让我们在日常生活的平淡中，去感受真切的幸福吧！患难中一个心心相印的眼神，朋友一张温馨的字条，父母一次慈祥的抚摸……这些都是千金难买的幸福。如果我们寻找着幸福，却没有获得幸福，那是因为我们缺乏感受幸福的能力。

如何才能获得幸福？本·沙哈尔教授提出了这样的建议："我希望学生们能够找到自己的优势和热情到底在哪里，倾听自己内心的声音，找寻到自己生命的使命感；希望学生多用幸福来度量生活中许多东西的价值，减少期待外界所定义的成功；学会接受你自己，不要忽略你所拥有的；要摆脱完美主义；简化自己的生活，学会简化，不是让你的生活变得更复杂，不要试图去追求过多，尽情享受做每件事情的过程。"最后，他强调了一点："幸福，是可以通过学习和练习而获得的。我相信这是可行的，因为它已经深深帮助了我。"因此，在寻找幸福的路途上，我们不要忘记了用心去感受幸福，不要忘记了培养幸福的心态。因为，享受真正的人生之旅比直到那旅程结束时还没有感受到快乐要重要得多。

珍惜当下所拥有的，幸福就会常伴我们左右

生活中，我们常常听到身边的人抱怨道："哎！工作太累，天天都有做不完的活，连喘口气的机会都没有！""看看我们公司的那伙人，那是什么素质简直没法说！""我们家那位一天只知道挣钱，连结婚纪念日都忘记了。""我怎么就生了这么笨的一个儿子，学习上好像从来不用脑子。"……抱怨就像瘟疫一样在我们周围蔓延，愈演愈烈。人们满腹牢骚，是因为他们不懂得珍惜，他们只看到生活不如意的地方，而没有把眼光放到美的一面。其实，只要我们学会珍惜当下所拥有的，幸福就会常伴我们左右。

张岚今年三十五岁了，和丈夫的婚姻也已经到了七年之痒的时候，这年，命运给她安排了一场突如其来的灾难，她后来常常想，如果没有这场灾难，也许她和丈夫早已劳燕分飞，因为我们已经没有任何在一起的理由——丈夫马上要出国，可以拿到几倍的薪水，而自己也可以像时尚杂志中的单身贵妇一样再寻寻觅觅，找一个配得上自己身份和收入的男人。但命运不是这样安排的：

在丈夫即将出国前，她发现，她身边的任何一个女性朋

友，无不是住着豪华别墅，丈夫或者情人也无不是行业内的精英或者大老板，而自己的丈夫只不过是技术人员，他的收入让自己过着不痛不痒的日子，这样的日子她已经受够了，同是名牌大学毕业，为什么自己和姐妹们的命运如此不同？

于是，她和丈夫不断争吵，但正如人们说的，“家和万事兴”，“不兴，则祸事而至”。一天，她在上班的路上，出了车祸，当她从医院醒来，她发现，身边那个男人已经泣不成声，那一刻，她发现了这个男人的好，她想起了她们恋爱的那些日子。

那时候，她是个害羞、胆小的姑娘，因为担心自己不够优秀，所以不敢去爱优秀的男孩；因为害怕将来失去，所以索性现在拒绝；但真的拒绝了，又怅然若失。直到有一天，她恍然大悟——她遇到一个男人，他们一起收养了一只小狗，再后来，他们相爱了。一次闲聊时，她问他：“如果哪天出现了比我更好的女孩……”他说：“如果有一天，你遇到了比现在这只小狗更可爱的……”她说：“我不会的，这小狗跟了我那么长时间，我们有感情了。”；他说：“哦，原来你懂得感情。我还以为你不懂呢。”尽管遭到了很多人的反对，但他们还是结婚了。

直到那一刻，付出沉重得不能再沉重的代价，张岚才知道真爱是不可以算计的，因为人算不如天算——如果一个人爱你，他必须爱你的生命，必须肯与你患难与共，必须在你危难的时候留在你的身边而不是转过脸去，否则，那就不叫爱，那叫“醒时同交欢，醉后各分散”，那种爱，虽然时尚，虽然轻快，但是没什么价值。

这场车祸后，张岚在丈夫的照料下，很快康复了，他们之间的婚姻也“康复”了。

这个故事中，我们看到了一个结婚女人的心路历程。她应该感谢这场车祸，让她看到了自己的幸福，抛开了那些世俗的想法。

现实生活中，可能我们的周围有很多张岚这样的人，他们攀比后的结论就是抱怨：生活为什么如此艰辛？孩子为什么这么不听话，老板为什么要这么吝啬……好好的一天，好好的心情，就因为抱怨而蒙上阴影，这样的你幸福吗？当然不，那这种不幸福是谁造成的呢，是你自己！

其实，要想获得幸福并不难，只要我们学会珍惜，这样你会发现，我是个淳朴的人，我有着可爱的孩子，我的爱人对我很忠贞，这样，你还会羡慕那些浮华的生活吗？还会抱怨吗？

不得不承认，自认为可以获得更多，总是苛求生活，是导致人们不快乐的主要原因之一，他们总要按照一个不切实际的计划生活，总是跟自己过不去，总认为自己时机未到，所以整天都闷闷不乐，而快乐的人则能看到生活中美好的一面，他们抱着知足的心，工作生活起来都开心、满足、有滋有味。因为他们懂得生活的艺术，知道适时进退，取舍得当。快乐把握在今天，而不是等待将来。事实上，我们每天可以做自己喜欢的事情，不在乎表面上的虚荣，凡事淡然，不苛求，那么快乐、幸福就离我们不远了。

什么是幸福？幸福是一种心境，淡泊宁静，不计较得失，不在乎成败。这是一种睿智的生活态度和生活方式，是对现代文明压抑的一种反抗。

人不能改变过去，也不能控制将来，人能控制改变的只是此时此刻的心态、语言和行为。过去和未来的东西都虚无缥缈，只有当下此刻才是真实的。因此，一个人的生命不管能否长久，生命过程都应该是丰富多彩的，无论人的生命长久与短暂，人生的道路都应该是宽阔有风景的，享受过程都应该是愉快幸福的。我们每个人都应该珍惜每一天的到来。

实际上，一个人的人生坐标定在什么位置，就有什么样的幸福。最大的幸福莫过于好好活着，珍惜今天，珍惜当下。人生在世，会经历许多事情，坎坎坷坷，酸甜苦辣，人皆有之。一帆风顺，只是祝福语，一种愿望。其实，幸福就在我们身边，是要靠我们自己寻找和创造的。

第 11 章

自我提升和自我完善，要让生活更好一点

一个人只有用自己的突出之处为人生创造价值，他的人生价值才能最大化，才能逐步强大起来，为此，我们一定要让自己在每天都取得进步，让不断增长的才干为自己打开成功的大门。看看有哪些突出的才能能够为自己的人生创造奇迹吧，如果没有，就让我们培养其中的几项，让这些不断增长的才干成为自己的核心竞争力，这样，你才有可能在人生的比赛中胜出。

剖析内心，让自己拥有自我认知的能力

朗费罗说：“别人借我们的过去所做的事来判断我们，然而，我们判断自己，却是凭将来能做些什么事。”在哈佛大学，心理学教授丹尼尔·吉尔伯特曾见过这样一个姑娘：衣衫不整、蓬头垢面，但长得很美。吉尔伯特教授跟她聊天，她也心不在焉，教授沉默了一会，突然问她：“孩子，你难道不知道你是个非常漂亮、非常好的姑娘吗？”“您说什么？”姑娘惊喜地问，美丽的大眼睛里泛着泪光。原来，在日常生活中，她所面对的是同学的嘲笑、母亲的谩骂，以至于她失去了自我认知的能力。子曰：“不患人之不知己，而患人之不己知。”对于每一个人来说，最担心的事情就是不够了解自己，不能清楚地认知自己。因此，我们要善于剖析内心，让自己拥有自我认知的能力。

索菲亚·罗兰刚刚步入演艺界，就面临了制片商“善意”

的建议："如果你真的想干这一行，就得把鼻子和臀部'动一动'。"但拥有一定自我认知能力的索菲亚却拒绝了，她说："我懂得我的外形和那些已经成名的女演员不一样，她们都相貌出众五官端正，而我却不是这样，我的脸毛病很多，但这些毛病加在一起反而会更加有魅力，说实在的，我的脸确实与众不同，但是我为什么要和别人一样呢？"后来，她被誉为了世界上最具自然美的人。

通过认知自己到孕育自己，这是一个美好的人生历程。自我认知是一种严谨的人生态度，自信而不自满，无论是春风得意还是失败困惑，我们依然保持最平常的心态。拿破仑一生战功赫赫，但在晚年却遭遇了"滑铁卢"的惨败，此时他依然贪恋富贵，企图复辟王朝，最终在绝望中死去。清楚地认知自己，需要我们摆脱一切外物的依赖，绝不做金钱或权利的奴隶。

认知自我是一种胜不骄败不馁的从容，需要冷静的思考，这样才有机会赢得最后的成功；认知自我是一种高度自立的洒脱的生活方式，看清生命的本真，创造出属于自己的人生价值；认知自我是一种高度责任心的反省，将勇气与真诚注入自己的言行中，认清方向。所以剖析内心，在忙碌之后别忘了与自己作一次深入的交谈，从而拥有自我认知的能力。

不去比较，最优秀的人恰恰是你自己

在很多时候，我们总是习惯与他人比较，觉得自己能力不如人，长得也不那么漂亮，好像自己真的一事无成。然而，命运对每一个人来说都是公平的，“垃圾也不过是放错了位置的财宝”，更何况对于我们而言呢？我们每个人都有自己的价值，这是不容置疑的，我们需要做的就是不要忽视自己的价值。当然，一定的比较可以促使我们取得进步，但是大部分的比较只会带给我们失落或者沮丧，在比较之后，我们变得不再相信自己，甚至自暴自弃。所以，不要盲目去比较，因为最优秀的人恰恰是你自己。

哈佛大学的毕业生，同时，也是美国著名的学者爱默生曾说过这样一句话：“你，正如你所思。”假如想着自己是最优秀的，那么你将是永远的第一名；假如习惯与他人比较，总是不敢相信自己，忽略自己、丢失自己，那么或许你就会成为那个一事无成的人。每个人都有一座宝藏。其实，这个宝藏就是潜力和能力，不要去比较，只要不懈地挖掘自己的宝藏，积极运用自己的潜能，永做心中的第一名，你就能够做好自己想做的一切，你就主宰自己的生活。

约翰讲述了自己在中学时的经历：在中学时，由于平时学习不积极，成绩很差，每次考试都在倒数几名。为此，老师说我无可救药了，同学们也看不起我，我一直很灰心，觉得这辈子自己不可能有什么出息了。

有一天，老师兴奋地宣布，将有一位著名的学者到班上做实验。我心想，这和我有什么关系呢？但是，我还是从同学那里了解到，这位学者是研究人才心理学的，据说他有一台神奇的仪器，能预测出谁未来会获得成功。这和我更没有关系，我想着，随后就出门玩去了。著名学者在班里尖子生殷切的眼神中到来了，老师神秘地点了5个同学的名字，其中包括了“约翰”，我很紧张，以为自己没有考好而要受批评。来到办公室，看见在我身边的都是尖子生，我感到莫名其妙，学者开始讲话了：“孩子们，我仔细研究你们的档案和家庭以及现在的学习情况，我认为你们5个人将来会成大器的，好好努力吧。”我当即感到一阵眩晕，以为自己听错了，可是看着在场人的表情，我知道这是真的。我想：原来我还有希望，这位学者是这么说的，他的预测一向是准确的，我要好好努力。原来我与那些所谓的尖子生并没有两样，我就这样一直鼓励自己，我的成绩很快就上来了，再也没有人说我无可救药了。

大部分人都没有意识到自己是最优秀的，所以，他们最后成为了庸庸碌碌的人。像约翰一样，在与班里那些尖子生比较之后，他觉得这辈子自己再也不会有什么出息了，自甘堕落，自暴自弃。假如在约翰的人生中没有遇到那位著名的学者，那么，他就不会坐在哈佛大学的教室里了。其实，智者与庸者的差别在于，智者从来不与他人比较，他们相信自己就是永远的第一；而庸者总是沉迷于比较游戏中，他们在比较中丢失自我，最后成为了平庸的人。

我们可以去仰慕他人，但是绝对不能忽略自己；我们可以去相信他人，但最应该相信的人则是自己。如果要想自己不甘于做平庸者，就要摆脱自我怀疑的心理，不要盲目去比较，相信自己就是心中的第一名。每个人都向往成功，然而其实我们每一个人都是自己成功人生的缔造者。在一个人的一生中，能力并不是决定成功的关键因素，只要我们相信自己，才能使自己迈出成功的第一步。而哈佛学子在迈入哈佛大学那天起，他们就把自己当成了未来的冠军，因为他们永远是自己心中的第一名。

严格要求自己，“学坏容易学好难”

在物理学上，上坡需要消耗一定的能量，上升到一定的高度，蓄积一定的势能。但是，势能一旦释放就会转变成了动能，会成为下坡的动力，这就是我们常说的“下坡容易上坡难”。其实，人生也有上坡与下坡，上坡可以比喻成为“学好的过程”，下坡则比喻为“学坏的过程”，而最终成为的规律就是“学坏容易学好难”。俗话说：“学好前日不足，学坏一日有余。”坏习惯、自由散漫一学就会，而严守纪律、严格约束自己则要困难得多，这个规律就被称为“下坡容易定律”。对此，通过这个定律，哈佛警告学子：如果要想成为一个有用的人，要想有所作为，就一定要严格要求自己，付出艰辛的努力；假如我们习惯于贪图享乐，就很容易使自己变得懒散堕落，最终一事无成，甚至有可能会步入歧途。

对于约翰尼·卡特来说，即使自己的梦想实现了，但是人生的挑战还没有结束，在几年的巡回演出过程中，卡特的身体拖垮了。每天晚上，卡特都需要借助安眠药才能入睡，而且，还需要服用兴奋剂来维持第二天的精神状态。逐渐地，卡特沾染上了坏习惯，酗酒、服用催眠镇静药和刺激兴奋药物，坏习惯越来越严重，导致他对自己失去了控制能力，在以后的日子里，他不是在舞台上就是在监狱里。有一次，卡特从一所监狱刑满出狱的时候，一位行政司法长官对他说："约翰尼·卡特，今天我要把你的钱和麻醉药还给你，因为你比别人更明白你能充分自由地选择自己想干的事，这就是你的钱和麻醉药，你现在就把这些药片扔掉吧。否则，你就去麻醉自己，毁灭自己，你自己作出选择吧！"卡特一瞬间醒悟了，他选择了生活，他找到了私人医生，痛下决心戒掉坏习惯，医生不太相信他："戒毒瘾比找上帝还难。"卡特决心"一定能找到上帝"，他开始了漫长的戒毒之路，卡特将自己锁在卧室闭门不出，忍受着巨大的痛苦。当时，在卡特面前的有麻醉药的引诱、有奋斗目标的呼唤，卡特选择了奋斗，漫长的9个星期过去了，卡特回归了久违的生活。重返舞台，卡特成为了一名著名的灵魂歌手。

"一个人想要征服世界，首先要战胜自己。"在日常生活中，我们很容易就会陷入自我的泥潭而无法自拔，沾染上一些坏习惯，整个人变得颓废不堪。学坏总是那么容易，而要想学好却是难上加难，为了避免自己一不小心走“下坡路”，我们应该时刻警惕自己的行为，努力走向上坡，然后欣赏别样的风景。

下坡容易定律告诉我们：当自己没有了约束，那么你就会不断地放纵自己，直到毁灭的那一天。生活对于我们而言，每天都充斥着未知的诱惑，可能是金钱与地位，可能是享乐与欲望，但是，当你开始深陷其中的时候，是否察觉到人生已经开始走下坡路了呢？哲人说：“贪图享乐是厄运的源头，克制好自己的欲望，做好自己的事情，才能平平安安地度过自己的人生之旅。”随时警惕自己的行为，不要让自己踏上贪图享乐之路，无论是谁我们都应该学会自制。

不断完善自己的同时，也就是进步的开始

人生就是一个不断完善和超越自我的过程，即使我们不可能凡事做到尽善尽美，但是我们应该努力让自己更好一点，

努力去追求完美。只有向前努力了，生活才会给予你相同的回报。俗话说："尺有所短，寸有所长。"我们只有真正了解自己的长处与短处，才能避己所短，扬己所长，这样才能给自己的人生进行准确定位。因为，当我们认识到自己的不足之处时，不断完善自己的同时，也就是进步的开始。

在美国第一任总统华盛顿的纪念碑旁竖着一块小石头，上面这样写着："美国不建立贵族和皇室封号，也不要世袭制度，国家事物概由人民投票公决。"这几句话表达了美国人民追求民主、自由、幸福的强烈内心愿望，即使美国已经完全独立了，但它依然需要人民的支持与监督。在生活中，我们每个人都有自己的不足之处，只有不断地学习别人的长处，弥补自己的不足之处，我们才能完善自己的缺陷。当然，如果你总是感觉完善自己，向他人学习是一件丢脸的事情，那么，更丢脸的是自己不明白却装着很懂的样子。

在美国有位很有钱的富翁，但是他却得不到别人的尊重，为此他很苦恼，每天都想着如何才能得到他人的敬仰。一天，富翁在街道上散步，看到旁边有一个衣衫褴褛的乞丐，他心想自己机会来了。于是，富翁便在乞丐破碗中丢下了一枚金币，可是乞丐却头也不抬，自己忙着捉虱子，富翁感到很生气："你眼睛瞎了吗？没看到我给你的金币？"乞丐还是没有正眼瞧他，回答说："给不给是你的事，不高兴你可以要回去。"富翁很生气，又丢了十个金币在乞丐的碗中，心想这一次乞丐一定会趴着向自己道歉，却不料，那个乞丐还是对自己不理不睬。

富翁几乎要跳起来了，咆哮道："我给你十个金币，你看清楚，我是有钱人，好歹你也尊重我一下，道个谢你都不会？"乞丐懒洋洋地回答："有钱是你的事，尊不尊重则是我的事，这是强求不来的。"富翁一下子着急了："那么，我将我的一半财产分给你，能不能请你尊重我呢？"乞丐翻着白眼看着他，说："给我一半财产，那我不是和你一样有钱了吗？为什么要我尊重你。"一着急，富翁说道："好，我将所有的财产都给你，这下你可愿意尊重我了吗？"乞丐回答道："你将财产都给我，那你就成了乞丐，而我成了富翁，我凭什么要尊重你？"富翁一下子好像明白了什么，他抓住乞丐的手，真诚地说了一句："谢谢你！"乞丐改变了之前的态度，睁开眼睛说："不用客气，您请慢走。"

如果一个人只看到了别人的缺点，却看不到别人的长处，对于这样的人，乞丐也不会尊重他。俗话说："三人行必有我师。”哪怕是一个乞丐，在他身上也同样有值得我们学习的地方。自我完善就是一个不断学习的过程，只要我们善于学习，能看到别人的长处，懂得取他人所长补己之短，努力使自己更好一点，那么总有一天会成为一个成功者。在生活中，无论是遇到什么样的人，也不管是比我们更优秀的人还是比自己稍逊的人，我们都应该主动去倾听对方的想法和建议，在这一过程中，你会发现自己总是能够从别人的意见中受到启发，能够学到一些利于自己成长的经验。我们永远要记住“山外有山，天外有天”，在对方身上可能有着自己没有的优点，而虚心地学习对方的长处，能够弥补自己的不足，从而完善自己。

一位著名的芝加哥商人这样说，自己需要花一个星期的时间去拜访国内的各同行商店，彼此交换自己对经营的看法；每年总要外出旅行一次，去考察各家著名商店的管理与经营。他认为：“要使自己能够站在广阔、不偏的视野上观察自己的素养，要保持自己的事业永不衰败，这种旅行是绝对的必需。”在每一次拜访与旅行中，他在不断地完善自己，努力使自己的商店更好一点。试想？假如一个人不出自己的店门一步，不同其他商人交流，那么他自己所经营的商店就不会获得进步，永远在原地踏步，直至被社会所淘汰的那一天。

没有人在生活达到某一点就表示自己已经满足了，由于时常超越自己，所以赢得了最后的成功。如果我们总是自满自足、不思进取，那么无论是生活还是人生就将从此开始衰落。所以，每天早上起床时，我们要下决心力求每一件事比昨天要有所进步。当我们把事情做得比昨天更好些，然后，在傍晚你回家或者到了其他地方。就这样，每天向前走几步，一段时间过去之后，你就会发现自己会取得惊人的进步。

参考文献

[1]（爱尔兰）卡尔.积极心理学[M].北京：中国轻工业出版社，2013.

[2]阳志平，彭华军，等.积极心理学[M].北京：机械工业出版社，2016.

[3]袁超.幸福的阶梯[M].北京：中国海洋大学出版社，2016.